イモヅル式

応用情報技術者午前

コンパクト演習

第2版

石川敢也 著

JN207637

インプレス

はじめに

　本書は，情報処理技術者試験のレベル3に位置付けられている応用情報技術者試験（午前試験）の対策を効率よく進めることができる問題集です。イモヅル式シリーズとしては，好評の『イモヅル式 ITパスポート コンパクト演習［第2版］』『イモヅル式 基本情報技術者午前 コンパクト演習』に続くものです。"イモヅル式"と呼ばれる本シリーズには，次ページの「本書の構成」で説明しているとおり，小さな1冊ながら様々な工夫が施されています。また，本書掲載問題と単語帳「でる語句300」を無料特典のWebアプリとして提供していますので，デジタル派やモバイル派の皆さんもご安心ください。

　ところで，試験実施機関では，応用情報技術者試験を，「高度IT人材となるために必要な応用的知識・技能をもち，高度IT人材としての方向性を確立した者」を対象とした試験と位置付けています。ここでいう高度IT人材とは，ITを中心とする高い専門知識・技能をもち，実際のビジネスの現場で知識・技能を活用することで，課題の解決と付加価値の創造，ビジネスの革新を実現できる創造的な実務能力を発揮できる人材のことです。

　具体的には，ITを活用した戦略立案に関して，担当業務に応じた分析や提案などを行える知識や技能，あるいはシステムの設計・開発・運用に関して，技術的な調査や安定稼働の確保などの課題を解決する知識や技能が期待されています。言い換えれば，応用情報技術者試験の学習は，戦略立案やITサービスの実現などの業務において，独力で課題解決に貢献できる，実践的な活用能力を身につけるための学習ということです。

　応用情報技術者試験の最新の出題傾向を分析し，新しい試験方式に対応して解説した本書が，皆さんの貴重な時間を活かし，知識の整理と学習の継続に役立てられると信じています。そして，本書を手にした皆さんが，応用情報技術者試験に合格することはもちろん，情報処理技術者試験の有資格者として，自信をもって社会で活躍されることを願って止みません。

石川 敢也

本書の構成

本書は，頻出問題とその解説で構成した応用情報技術者試験（午前試験）の対策書です。重要事項が隠せる**赤シート付き**のほか，次のような記憶に残りやすい**「イモヅル式」の仕掛け**が施されています。本書の問題を解き，イモヅルをたぐり寄せるように関連事項を参照しながら学習することで，その終端にある「合格」を勝ち取りましょう。

- **関連性の高い問題が近接配置**されているので，記憶に残りやすく**短時間で効果的な学習**ができる。
- 相互に関連付けられた重要事項が1ページ内に**まとめて解説**され，幅広い知識が体系的に身につく。
- 多くの問題から**復習問題を参照**でき，知識の定着に役立つ。

A 問題のカテゴリ。

B 出題頻度。★★★が最頻出。

C 解説や知識定着に有用な内容を強調。

D 過去問題から頻出の問題を厳選。

E 問題を素早く解くための即効解説。

F 問題を理解し，関連する知識を体系的に身につける詳細解説。

G 赤シートで隠したり関連問題を参照したりして覚えられる。

H さらに知識を深めたい重要事項の解説。

I 復習のために参照するとよい問題。

J 正解の選択肢。

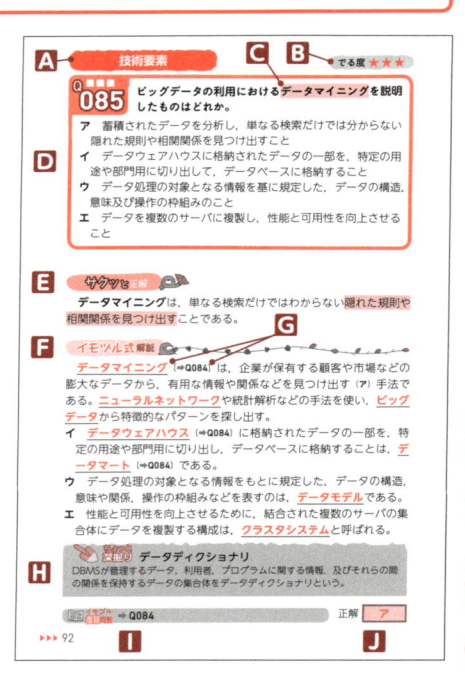

応用情報技術者試験の概要

応用情報技術者試験は，情報処理技術者試験の一試験区分です。本書が対応している「午前試験」に加え，「午後試験」もあり，資格取得のためには両方に合格する必要があります。

※本書に掲載している試験情報は2025年3月現在のものです。試験内容は変更される可能性があるため，試験実施団体のWebサイトで随時確認してください。

● 午前試験の内容

受験資格	誰でも受験できる	試験時間	150分
出題数	四肢択一式	問題数	80問
出題分野	テクノロジ系（基礎理論，コンピュータシステム，技術要素，開発技術） マネジメント系（プロジェクトマネジメント，サービスマネジメント） ストラテジ系（システム戦略，経営戦略，企業と法務）		
合格基準	60点以上／ 100点満点（各1.25点）		
試験方式	ペーパー方式		

● 午後試験の内容

受験資格	誰でも受験できる	試験時間	150分
出題数	記述式	問題数	11問中5問解答
出題分野	問1：必須問題（情報セキュリティ）問2 ～ 11：選択問題（経営戦略，情報戦略，戦略立案・コンサルティング技法，システムアーキテクチャ，ネットワーク，データベース，組込みシステム開発，情報システム開発，プログラミング（アルゴリズム），プロジェクトマネジメント，サービスマネジメント，システム監査）		
合格基準	60点以上／ 100点満点 （問1：20点，問2 ～ 11：各20点）		
試験方式	ペーパー方式		

● 問い合わせ

独立行政法人 情報処理推進機構（IPA）
デジタル人材センター 人材スキルアセスメント部
問合せフォーム：https://info.ipa.go.jp/form/pub/inquire/itee
上記URLから問合せフォームに進み，問合せ内容などを入力して送信する。
〒113-8663 東京都文京区本駒込2-28-8
文京グリーンコートセンターオフィス15階

CONTENTS

テクノロジ系

第1章ではテクノロジ系を学習する。
出題傾向と学習の便宜を踏まえ，テクノロジ系の幅広い
出題範囲を6つの分野に分け，140問の演習で重要ポイ
ントを解説している。たとえば，基礎理論ではブール演
算の基本やソートの方法などについて，まとめて知識を
確認できるように掲載している。比較的新しいテーマと
して，AIはもちろん，3DCG，エネルギーハーベスティ
ング，BLE（Bluetooth Low Energy）など，テ
クノロジのトピックとして話題になっているキーワード
も取り上げている。

Q001

M/M/1の待ち行列モデルにおいて，窓口の利用率が25％から40％に増えると，平均待ち時間は何倍になるか。

ア　1.25
イ　1.60
ウ　2.00
エ　3.00

サクッと正解

平均待ち時間は，(利用率／1－利用率)×平均サービス時間で算出できる。

イモヅル式解説

M/M/1の待ち行列モデルは，1列に並んだ行列を1つの窓口で処理するシステムである。M/M/1の最初のMは一定の平均到着率でランダムに到着すること，次のMはサービス時間が平均的に一定であること，末尾の1は窓口が1つであること表している。

M/M/1の待ち行列モデルでは，平均待ち時間を次の公式で求めることができる。

平均待ち時間＝(利用率／1－利用率)×平均サービス時間

問題文の条件を当てはめて計算すると次のようになる。

・利用率が25％の場合の平均待ち時間
(0.25／1－0.25)×平均サービス時間＝1/3×平均サービス時間
・利用率が40％の場合の平均待ち時間
(0.40／1－0.40)×平均サービス時間＝2/3×平均サービス時間

ここから，窓口の利用率が25％から40％に増えると，平均待ち時間は2倍（ウ）になることがわかる。

正解　ウ

でる度 ★★★

Q 002

AIにおける**過学習**の説明として，最も適切なものはどれか。

ア ある領域で学習した学習済みモデルを，別の領域に再利用することによって，効率的に学習させる。

イ 学習に使った訓練データに対しては精度が高い結果となる一方で，未知のデータに対しては精度が下がる。

ウ 期待している結果とは掛け離れている場合に，結果側から逆方向に学習させて，その差を少なくする。

エ 膨大な訓練データを学習させても効果が得られない場合に，学習目標として成功と判断するための報酬を与えることによって，何が成功かわかるようにする。

サクッと正解

過学習とは，AIが訓練データに過剰に適合することで，未知の新しいデータに対して精度が下がってしまうこと。

イモヅル式解説

AIにおける**過学習**とは，AIが学習する訓練データに対して過剰に適合する現象である。AIは，訓練データの細かいパターンやノイズまで学習することで，特定の訓練データに対しては高い精度で処理できるが，未知のデータに対しては正確に処理できなくなる（**イ**）場合がある。過学習を防ぐためには，**正則化**〔→Q003〕，**交差検証**〔→Q003〕，データを意図的に隠す**ドロップアウト**などの手法が有効である。

ア ある領域で学習した学習済みモデルを，別の領域で再び利用することによって，AIに効率的に学習させる手法は，**転移学習**である。

ウ 期待している結果が得られない場合に，結果から逆方向に学習させることで差を少なくしようとする手法は，**誤差逆伝播法**である。

エ 膨大な訓練データを学習させても効果が得られない場合に，学習目標として成功と判断するための報酬を与えることによって，何が成功かAIにわかるようにする手法は，**強化学習**である。

正解 **イ**

Q003 AIにおける教師あり学習での交差検証に関する記述はどれか。

ア 過学習を防ぐために，回帰モデルに複雑さを表すペナルティ項を加え，訓練データへ過剰に適合しないようにモデルを調整する。

イ 学習の精度を高めるために，複数の異なるアルゴリズムのモデルで学習し，学習の結果は組み合わせて評価する。

ウ 学習モデルの汎化性能を高めるために，単一のモデルで関連する複数の課題を学習することによって，課題間に共通する要因を獲得する。

エ 学習モデルの汎化性能を評価するために，データを複数のグループに分割し，一部を学習に残りを評価に使い，順にグループを入れ替えて学習と評価を繰り返す。

サクッと正解

交差検証は，データをグループに分割し，学習と評価を繰り返す機械学習モデルの評価手法である。

イモヅル式解説

交差検証は，データセットを複数のグループに分割してテストデータとして順番に使うことで，データセットの件数が少なくても，機械学習モデルの**汎化性能**（未知のデータに対する予測能力）を安定して評価できるようにした手法である。

ア **過学習**〔⇒Q002〕を防ぐために**回帰モデル**に複雑さを表す項目を設けて制御することで，訓練データに適合しすぎないように調整する手法は，**正則化**と呼ばれる。

イ 複数の異なるアルゴリズムのモデルで学習し，その結果を組み合わせて評価する手法は，**アンサンブル学習**である。

ウ 学習モデルの汎化性能を高めるために，単一のモデルで関連する複数の課題を学習することによって，課題間に共通する要因を獲得する手法は，**マルチタスク学習**と呼ばれる。

イモヅル復習問題 ⇒ Q002　　　　　　正解　**エ**

でる度 ★★★

Q004

桁落ちによる誤差の説明として,適切なものはどれか。

ア 値がほぼ等しい2つの数値の差を求めたとき,有効桁数が減ることによって発生する誤差

イ 指定された有効桁数で演算結果を表すために,切捨て,切上げ,四捨五入などで下位の桁を削除することによって発生する誤差

ウ 絶対値が非常に大きな数値と小さな数値の加算や減算を行ったとき,小さい数値が計算結果に反映されないことによって発生する誤差

エ 無限級数で表される数値の計算処理を有限項で打ち切ったことによって発生する誤差

1

テクノロジ系

サクッと正解

桁落ちは,計算結果の数値の**有効桁数が減る誤差**。

イモヅル式解説

桁落ちは,たとえば「$1.2345 - 1.2344 = 0.0001 = 1 \times 10^{-4}$」のように,値のほぼ等しい数値の減算(正負が異なる場合は加算)において,5桁であった**有効桁数**が1桁に減ることで,**浮動小数点数**を使ったコンピュータの演算を繰り返し行うと誤差が生じる場合がある(**ア**)ことを表す用語である。

丸め誤差	桁の非常に多い小数や**循環小数**などを有限の桁数で演算結果を表すために,**切捨て,切上げ,四捨五入**などで下位の桁を削除する場合に発生する誤差(**イ**)。
情報落ち	**絶対値**の非常に大きな数値と非常に小さな数値の加算や減算の計算結果に,小さな数値が反映されない場合に発生する誤差(**ウ**)。
打ち切り誤差	項数が無限にある**無限級数**や**無限小数**で表される数値の計算処理を,ある時点で打ち切った場合に発生する誤差(**エ**)。

正解 **ア**

Q 005

あるホテルは客室を1,000部屋もち，部屋番号は，数字4と9を使用しないで0001から順に数字4桁の番号としている。部屋番号が0330の部屋は，何番目の部屋か。

ア　204
イ　210
ウ　216
エ　218

サクッと正解

0330は2桁目は3，3桁目が3なので，
$3 \times 8^2 + 3 \times 8^1 = 3 \times 64 + 24 = 192 + 24 = $ **216**

イモヅル式解説

　0〜9の10種類の数字のうち，4と9の2つを使用しないので，使用できる数字は8種類。1桁で使用できる数字が8種類ということは，8進数の考え方と同じである。

　8進数を10進数にするには，1桁目は$8^0 = 1$を乗算し，2桁目は$8^1 = 8$，3桁目は$8^2 = 64$，4桁目は$8^3 = 512$を乗算した値を加算する。たとえば，8進数の0123を10進数にすると，次のようになる。

8進数　0 1 2 3

$0 \times 8^3 + 1 \times 8^2 + 2 \times 8^1 + 3 \times 8^0$
$= 0 + 64 + 16 + 3 = 83$　　10進数

　問われている部屋番号は0330であるので，次の計算で10進数に変換できる。考え方の解説のため，数字が0の桁の計算式も示しているが，実際に解くときは計算する必要はない。

　$0 \times 8^3 + 3 \times 8^2 + 3 \times 8^1 + 0 \times 8^0 = 0 + 192 + 24 + 0 = 216$

正解　**ウ**

Q006

非線形方程式 $f(x)=0$ の近似解法であり，次の手順によって解を求めるものはどれか。ここで，$y=f(x)$ には接線が存在するものとし，(3)で x_0 と新たな x_0 の差の絶対値がある値以下になった時点で繰返しを終了する。

〔手順〕
(1) 解の近くの適当な x 軸の値を定め，x_0 とする。
(2) 曲線 $y=f(x)$ の，点 $(x_0, f(x_0))$ における接線を求める。
(3) 求めた接線と，x 軸の交点を新たな x_0 とし，手順(2)に戻る。

ア オイラー法　　イ ガウスの消去法
ウ シンプソン法　エ ニュートン法

サクッと正解

　解の近くの適当な x 軸の値を定め，接線を求める計算を繰り返し行う解法は，**ニュートン法**である。

イモヅル式解説

　ニュートン法（ニュートン・ラフソン法）（**エ**）は，微分方程式を解くアルゴリズムの1つ。解に近いと思われる値（**近似値**）を予想して定め，グラフの接線を求める計算を繰り返し行う解法である。

オイラー法（**ア**）	常微分方程式の数値解法の1つで，独立変数が1つの微分方程式における数値的な解法。主に学習目的として利用される。
ガウスの消去法（掃き出し法）（**イ**）	ほかの方程式に定数倍を加えて1つずつ文字を消す前進消去と，後ろから順番に変数の値を求める後退代入による連立一次方程式の解法。
シンプソン法（**ウ**）	微小区間を二次方程式で近似することで解を求める数値積分の解法。シンプソンの公式やシンプソン則とも呼ばれる。

正解 　エ

Q 007

全体集合S内に異なる部分集合AとBがあるとき，$\overline{A}\cap\overline{B}$に等しいものはどれか。

ここで，$A\cup B$はAとBの和集合，$A\cap B$はAとBの積集合，$\overline{A}$はSにおけるAの補集合，$A-B$はAからBを除いた差集合を表す。

ア　$\overline{A}-B$ 　　　　イ　$(\overline{A}\cup\overline{B})-(A\cap B)$
ウ　$(S-A)\cup(S-B)$ 　エ　$S-(A\cap B)$

サクッと正解

ベン図を描くと，$\overline{A}\cap\overline{B}=\overline{A}-B$が視覚的に確認できる。

イモヅル式解説

設問文の集合をベン図で表すと，次のようになる。

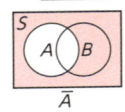 $\cap$ 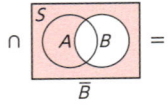 $=$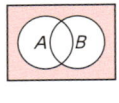

AとBの積集合（$A\cap B$）は「AかつB」，AとBの和集合（$A\cup B$）は「AまたはB」，SにおけるAの補集合（$\overline{A}$）は「全体Sの中でAでないもの」を，それぞれ意味する。

ア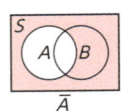

イ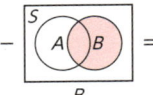

ウ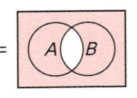

エ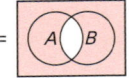

正解　**ア**

Q 008

任意のオペランドに対するブール演算Aの結果とブール演算Bの結果が互いに否定の関係にあるとき，AはBの（又は，BはAの）**相補演算**であるという。**排他的論理和の相補演算**はどれか。

ア 等価演算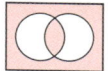

イ 否定論理和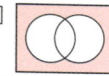

ウ 論理積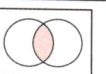

エ 論理和

サクッと正解

排他的論理和の相補演算は，**等価演算**と同じ結果になる。

イモヅル式解説

ブール演算とは，論理積，論理和，否定の総称。**相補演算**は，集合における演算結果が，**互いに否定**となっているものである。

排他的論理和とは，2つの値が異なる場合に1（真），同じ場合に0（偽）とする論理演算である。排他的論理和は次のベン図となり，その否定となるのは，**等価演算**（ア）のベン図と同じである。

排他的論理和の真理値表とベン図

X	Y	結果
0	0	0
0	1	1
1	0	1
1	1	0

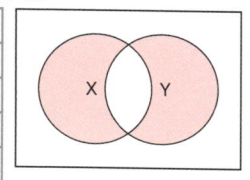

等価演算の真理値表とベン図

X	Y	結果
0	0	1
0	1	0
1	0	0
1	1	1

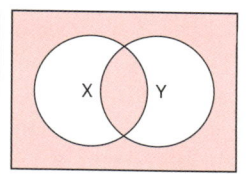

イモヅル復習問題 ⇒ Q007

正解 **ア**

Q 009

a，b，c，dの4文字からなる**メッセージを符号化してビット列にする方法**として表のア〜エの4通りを考えた。この表はa，b，c，dの各1文字を符号化するときのビット列を表している。メッセージ中のa,b,c,dの**出現頻度は，それぞれ，50％，30％，10％，10％**であることが分かっている。符号化されたビット列から元のメッセージが一意に復号可能であって，**ビット列の長さが最も短くなるもの**はどれか。

	a	b	c	d
ア	0	1	00	11
イ	0	01	10	11
ウ	0	10	110	111
エ	00	01	10	11

サクッと正解

一意に復号でき，ビット列の長さが最も短くなるのは，
$(1 \times 0.5) + (2 \times 0.3) + (3 \times 0.1) + (3 \times 0.1) = \mathbf{1.7}$

イモヅル式解説

符号化とは，一定の規則に従い，データを別の形式に変換する処理のこと。設問文の「一意に復号可能」は，**1つの同じデータ**に戻せるという意味である。これを踏まえて各選択肢を検討する。

ア cの00が**aaと同じ**で区別がつかないので，「符号化されたビット列から元のメッセージが一意に復号可能」ではない。

イ 「010」がacでもbaでも復号できるので不適切。

ウ 「符号化されたビット列から元のメッセージが一意に復号可能」である。ビット列の長さは，（**1文字**×0.5％）＋（**2文字**×0.3％）＋（**3文字**×0.1％）＋（**3文字**×0.1％）＝**1.7**ビット／文字となる。

エ ウと同様に一意に復号可能。a〜dにそれぞれ**2ビット**の符号を割り当てていることから，ビット列の長さは2ビット／文字であるので，ビット列の長さは**ウ**より**長い**。

正解 **ウ**

Q010

自然数をキーとするデータを，ハッシュ表を用いて管理する。キー x のハッシュ関数 $h(x)$ を

$$h(x) = x \bmod n$$

とすると，**任意のキー a と b が衝突する条件**はどれか。ここで，n はハッシュ表の大きさであり，$x \bmod n$ は x を n で割った余りを表す。

ア $a+b$ が n の倍数　　**イ** $a-b$ が n の倍数
ウ n が $a+b$ の倍数　　**エ** n が $a-b$ の倍数

サクッと正解

キー a と b が衝突する条件は，$x \bmod n$ のとき**$a-b$ が n の倍数**になることである。

イモヅル式解説

設問文の「任意のキー a と b が**衝突**する」のは，a と b のキーでハッシュ表を使って求めた値が**同じになる**ときである。

$x \bmod n$ は，x を n で割った余りなので，n で割ったときの**余りが同じ値**なら計算結果である**ハッシュ値が同じ**であり，衝突する条件になる。これを計算式で表すと，$a \bmod n = \underline{b \bmod n}$ であり，次のように変形できる。

$$a \bmod n = b \bmod n$$
$$(a \bmod n) - (b \bmod n) = 0$$
$$\underline{(a-b)} \bmod n = 0$$

この計算式は，$a-b$ を n で割った**余りが0**になる（**割り切れる**）ことを意味する。したがって，a と b のキーでハッシュ表を使って求めた値が同じになるときは，$a-b$ が n の**倍数**（**イ**）といえる。

正解　**イ**

Q011

3台の機械A，B，Cが良品を製造する確率は，それぞれ60％，70％，80％である。機械A，B，Cが製品を1つずつ製造したとき，いずれか2つの製品が良品で残り1つが不良品になる確率は何％か。

ア　22.4
イ　36.8
ウ　45.2
エ　78.8

サクッと正解

2つが良品で残り1つが不良品になる確率は，3つある良品と不良品の組合せの確率を足して求める。

$0.6 \times 0.7 \times 0.2 + 0.6 \times 0.3 \times 0.8 + 0.4 \times 0.7 \times 0.8 = 0.452 = 45.2\%$

イモヅル式解説

設問文から，良品になる確率はAが60％，Bが70％，Cが80％である。この3台が不良品（良品以外）になる確率は「1−良品になる確率」である。したがって，不良品になる確率は，Aが40％，Bが30％，Cが20％である。

いずれか2つが良品で，残り1つが不良品になる確率は，次の3パターンで計算できる。

・AとBが良品，Cが不良品の確率：
$0.6 \times 0.7 \times (1 - 0.8) = 0.6 \times 0.7 \times 0.2 = 0.084$

・AとCが良品，Bが不良品の確率：
$0.6 \times (1 - 0.7) \times 0.8 = 0.6 \times 0.3 \times 0.8 = 0.144$

・BとCが良品，Aが不良品の確率：
$(1 - 0.6) \times 0.7 \times 0.8 = 0.4 \times 0.7 \times 0.8 = 0.224$

これらの3パターンは同時に発生しないので，和の法則となり，

$0.084 + 0.144 + 0.224 = 0.452 = 45.2\%$

イモヅル復習問題 → Q010

正解　ウ

Q012

サンプリング周波数40kHz，量子化ビット数16ビットでA/D変換したモノラル音声の1秒間のデータ量は，何kバイトとなるか。ここで，1kバイトは1,000バイトとする。

ア 20
イ 40
ウ 80
エ 640

サクッと正解

1秒間のデータ量＝サンプリング周波数×量子化ビット数

イモヅル式解説

サンプリング周波数は，音声信号を1秒間にどれだけ分割するかを表す値である。量子化ビット数は，アナログ（A）データからディジタル（D）データへ変換するA/D変換を行うときに，何段階で表現するかを示す値である。Hz（ヘルツ）は周波数・振動数の単位で，1Hzは1秒間に1回の周波数・振動数という意味である。計算する際は，kHzをHz，ビットをバイトに直す必要がある。

1秒間のデータ量は，「サンプリング周波数×量子化ビット数」で求められるので，設問の数値でA/D変換したモノラル音声の1秒間のデータ量は下記のように計算する。

設問のサンプリング周波数は40kHzであり，1kHz＝1,000Hzなので，40kHz＝40,000Hzである。また，設問文に「データ量は，何kバイトとなるか」とあり，8ビット＝1バイトなので，16ビット＝2バイトに単位を揃えておく。

40kHz（40,000回/秒）×16ビット（**2**バイト）
＝40,000回/秒×2バイト
＝80,000バイト/秒＝**80k**バイト/秒（**ウ**）

イモヅル復習問題 ➡ Q009

正解 | **ウ**

Q013

通信回線を使用したデータ伝送システムにM/M/1の待ち行列モデルを適用すると，平均回線待ち時間，平均伝送時間，回線利用率の関係は，次の式で表すことができる。

$$平均回線待ち時間＝平均伝送時間×\frac{回線利用率}{1-回線利用率}$$

回線利用率が0から徐々に増加していく場合，平均回線待ち時間が平均伝送時間よりも最初に長くなるのは，回線利用率が幾つを超えたときか。

ア 0.4　　**イ** 0.5　　**ウ** 0.6　　**エ** 0.7

サクッと正解

平均回線待ち時間＞平均伝送時間となるのは，回線利用率が0.5を超えたときである。

イモヅル式解説

平均回線待ち時間が平均伝送時間よりも最初に長くなる（＝超える）ときの回線利用率では，次の不等式が成り立つ。

$$平均回線待ち時間＝平均伝送時間×\frac{回線利用率}{1-回線利用率}＞平均伝送時間$$

これを次のように変形する。

①両辺を平均伝送時間で割る： $\dfrac{回線利用率}{1-回線利用率}＞\underline{1}$

②両辺に（1－回線利用率）を掛ける：回線利用率＞1－回線利用率

③右辺の回線利用率を移項する：回線利用率×\underline{2}＞1

④両辺を2で割る：回線利用率＞1÷2＝\underline{0.5}

以上より，回線利用率が0.5を超えたときに平均回線待ち時間＞平均伝送時間となることがわかる。

イモヅル復習問題 → Q011，Q012　　　　　　　　　正解 **イ**

基礎理論

でる度 ★★★

Q014 式A＋B×Cの**逆ポーランド表記法**による表現として，適切なものはどれか。

ア ＋×CBA
イ ×＋ABC
ウ ABC×＋
エ CBA＋×

サクッと正解

逆ポーランド表記法では，計算の順に演算子を後ろに配置するので，A＋B×C→ABC×＋となる。

イモヅル式解説

逆ポーランド表記法は，「A＋B」を「AB＋」のように，被演算子の後ろに演算子を配置する**後置表記法**である。あとの手順で使われる演算子ほど，式の**右**に位置するという特徴がある。

逆ポーランド表記法と中置記法の比較

中置記法	逆ポーランド表記法
A+B	AB+
A+B×C	ABC×+ (ウ)
(A+B)×(C−D)	AB+CD−×
Y＝(A+B)×(C−(D÷E))	YAB+CDE÷−×=

式A＋B×Cでは，加算A＋Bではなく，**積算B×C**を先に行うので，まず**A＋BC×**にする。次に，**BC×**を1つの項として**和算**を変換する（＋を後ろに置く）と，**ABC×＋**になる（**ウ**）。

なお，上表のY＝(A＋B)×(C−(D÷E))は次のとおり。

カッコ内を変換：Y＝AB＋×(C−DE÷)
　　　　　　　　Y＝AB＋×CDE÷−
右辺の積算を変換：Y＝AB＋CDE÷−×
等号を変換：YAB＋CDE÷−×＝

正解 ウ

Q015 あるプログラム言語において，識別子 (identifier) は，先頭が英字で始まり，それ以降に任意個の英数字が続く文字列である。これをBNFで定義したとき，aに入るものはどれか。

<digit>::=0｜1｜2｜3｜4｜5｜6｜7｜8｜9
<letter>::=A｜B｜C｜…｜X｜Y｜Z｜a｜b｜c｜…｜x｜y｜z
<identifier>::=〔 a 〕

ア <letter>｜<digit>｜<identifier><letter>｜
　　<identifier><digit>

イ <letter>｜<digit>｜<letter><identifier>｜
　　<identifier><digit>

ウ <letter>｜<identifier><digit>

エ <letter>｜<identifier><digit>｜<identifier><letter>

サクッと正解

BNFは<記号>::=<式>で定義され，先頭が英字（<letter>）で，以降に英数字（<identifier><digit>｜<identifier><letter>）が続く。

イモヅル式解説

BNF〈=Backus-Naur Form；バッカス・ナウア記法〉は，コンピュータが扱うXML〔➡Q023〕などの言語において，構文定義などで用いられる表記。<>はほかと置換できるもの，::=は左辺と右辺の区切り，｜は複数の記号を論理和〔➡Q008〕で記述する区切りである。

設問の<digit>は0～9の任意の数字（1つ）で，<letter>はA～zの任意の英字（1つ）である。同様に，<identifier>::=〔 a 〕は，identifierを〔 a 〕と定義するという意味になる。

識別子 (identifier) は，先頭が英字で始まり，それ以降に任意個の英数字が続くという定義に合致する選択肢を検討する。

エ 先頭が英字で始まり，それ以降に任意個の英数字（英字または数字）が続くので，適切である。

イモヅル復習問題 ➡ Q014　　　　　　正解 **エ**

でる度 ★ ★ ★

Q016

A，B，Cの順序で入力されるデータがある。各データについて**スタックへの挿入と取出しを1回ずつ行う**ことができる場合，データの**出力順序は何通り**あるか。

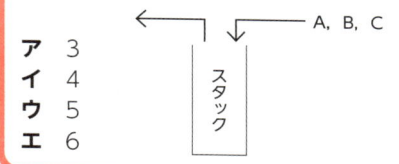

ア	3
イ	4
ウ	5
エ	6

サクッと正解

6通りの組合せのうち，**スタック**ではC→A→Bの出力は不可。

イモヅル式解説

スタックとは，格納したデータを，最後に格納したデータから順に取り出す**後入れ先出し**〈=LIFO；Last In First Out〉の構造である。なお，**先入れ先出し**〈=FIFO；First In First Out〉を**キュー**という。

A，B，Cの順序で入力されるデータの出力では，次の6つの組合せがあるが，C→A→Bの順には出力できないので，**5通り**である。

A→B→C	AをPush（挿入）→ **A**をPop（取出し），BをPush → **B**をPop，CをPush → **C**をPop
A→C→B	AをPush → **A**をPop， BをPush ／ CをPush → **C**をPop ／ **B**をPop
B→A→C	AをPush ／ BをPush → **B**をPop ／ **A**をPop， CをPush →**C**をPop
B→C→A	AをPush ／ BをPush → **B**をPop， CをPush → **C**をPop ／ **A**をPop
C→A→B	AをPush ／ BをPush ／ CをPush → **C**のPop後に**B**をPopしないで**A**のPopは**不可能**
C→B→A	AをPush ／ BをPush ／ CをPush →**C**をPop ／ **B**をPop ／ **A**をPop

正解 **ウ**

Q017

配列$A[1]$，$A[2]$，…，$A[n]$で，$A[1]$を根とし，$A[j]$の左側の子を$A[2j]$，右側の子を$A[2i+1]$とみなすことによって，2分木を表現する。このとき，配列を先頭から順に調べていくことは，2分木の探索のどれに当たるか。

ア　行きがけ順（先行順）深さ優先探索
イ　帰りがけ順（後行順）深さ優先探索
ウ　通りがけ順（中間順）深さ優先探索
エ　幅優先探索

サクッと正解

2分木で配列を先頭から順に調べていくのは**幅優先探索**にあたる。

イモヅル式解説

幅優先探索は，設問のnを7として，次図の例では根（**ルート**）である①に近いレベルから探索を行う。**深さ優先探索**は，最も深いレベルまで到達したあと，1つ前に戻って探索を続ける手法である。

幅優先探索（**エ**）

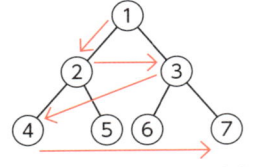

深さ優先探索（先行順）（**ア**）

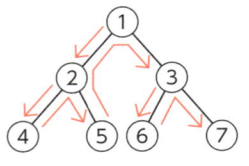

深さ優先探索（後行順）（**イ**）

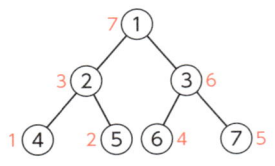

深さ優先探索（中間順）（**ウ**）

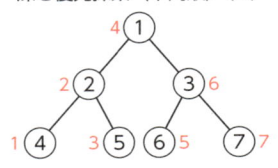

正解　**エ**

基礎理論

Q018

整列方法に関するアルゴリズムの記述のうち，**バブルソート**の記述はどれか。ここで，整列対象は重複のない1から9の数字がランダムに並んでいる数字列とする。

ア 数字列の最後の数字から最初の数字に向かって，隣り合う2つの数字を比較して小さい数字が前に来るよう数字を入れ替える操作を繰り返し行う。

イ 数字列の中からランダムに基準となる数を選び，基準より小さい数と大きい数の2つのグループに分け，それぞれのグループ内も同じ操作を繰り返し行う。

ウ 数字列をほぼ同じ長さの2つの数字列のグループに分割していき，分割できなくなった時点から，グループ内で数字が小さい順に並べる操作を繰り返し行う。

エ 未処理の数字列の中から最小値を探索し，未処理の数字列の最初の数字と入れ替える操作を繰り返し行う。

サクッと正解

バブルソートは，隣り合う2つの数字を比較して小さい数字が前に来るように数字を入れ替える操作を繰り返し行う手法である。

イモヅル式解説

バブルソートとは隣り合う要素を比較し，大きいものと小さいものを順に入れ替える操作を繰り返す（**ア**）ことで要素をソートする手法。

イ 数字列の中からランダムに基準となる数を選び，基準より小さい数と大きい数の2つのグループに分け，それぞれのグループ内も同じ操作を繰り返し行う手法は，**クイックソート**である。

ウ 数字列をほぼ同じ長さの2つの数字列のグループに分割していき，分割できなくなった時点から，グループ内で数字が小さい順に並べる操作を繰り返し行う手法は，**マージソート**である。

エ 未処理の数字列の中から最小値を探索し，未処理の数字列の最初の数字と入れ替える操作を繰り返し行う方法は，**選択ソート**である。

正解 **ア**

Q 019

アルゴリズム設計としての分割統治法に関する記述として，適切なものはどれか。

ア 与えられた問題を直接解くことが難しいときに，幾つかに分割した一部分に注目し，とりあえず粗い解を出し，それを逐次改良して精度の良い解を得る方法である。

イ 起こり得る全てのデータを組み合わせ，それぞれの解を調べることによって，データの組合せのうち無駄なものを除き，実際に調べる組合せ数を減らす方法である。

ウ 全体を幾つかの小さな問題に分割して，それぞれの小さな問題を独立に処理した結果をつなぎ合わせて，最終的に元の問題を解決する方法である。

エ まずは問題全体のことは考えずに，問題をある尺度に沿って分解し，各時点で最良の解を選択し，これを繰り返すことによって，全体の最適解を得る方法である。

サクッと正解

分割統治法とは，問題を小さく分割し，それぞれを独立に処理した結果をつなぎ合わせて，元の問題を解決しようとする方法。

イモヅル式解説

アルゴリズム設計としての**分割統治法**は，全体を複数の問題に分割し，個々の問題を独立させて解を出し，結果をつなぎ合わせることで最終的に元の問題を解決しようとする方法である（**ウ**）。

局所探索法	問題を複数に分割した一部分だけを選んで仮の粗い解（近似解や近傍解）を出しておき，その解を改良することで精度の高い解を得る方法（**ア**）。
分枝限定法	起こり得るすべてのデータの組合せと解となる候補を調べることで，その組合せの無駄なものを取り除き，実際に調べる数を減らす方法（**イ**）。
貪欲法（グリーディ算法）	問題を要素に分割し，それぞれを個々に評価して最良の解を求め，評価値の高い順に採用を繰り返すことで，全体の最適解を得る方法（**エ**）。

正解　**ウ**

Q020

組込みシステムにおける**リアルタイムシステム**において，システムへの**入力に対する応答**のうち，**最も適切なものはどれか**。

ア OSを使用しないで応答する。
イ 定められた制限時間内に応答する。
ウ 入力された順序を守って応答する。
エ 入力時刻を記録して応答する。

サクッと正解

組込みシステムにおける**リアルタイムシステム**では，定められた制限時間内に応答することが最も重要である。

イモヅル式解説

組込みシステムとは，家電製品などの部品として，特定の用途に特化して対応するシステムのこと。

リアルタイムシステムは，計算や制御などの処理を，設定された応答時間や期限のとおりに遂行する**即時処理**のシステムである。

ア 組込みシステムにおけるリアルタイムシステムの定義とOSの使用の有無には直接関係がない。組込みシステムにおけるリアルタイムシステムでは，所要時間を予測できて最悪値（最悪応答時間）を保証できるように設計された専用の**RTOS**〈=Real Time Operating System〉が使用される。

ウ リアルタイムシステムは，入力された順序を守って応答するものではなく，即時性を重視し，定められた制限時間内に応答するシステムである。

エ 入力時刻を記録して応答することは，リアルタイムシステムの必須要件ではないので，最も適切とはいえない。

正解 **イ**

Q021　体温を測定するのに適切なセンサはどれか。

ア　サーミスタ　　　　　　　イ　超音波センサ
ウ　フォトトランジスタ　　　エ　ポテンショメータ

サクッと正解

温度の測定に使われるのは，**サーミスタ**と呼ばれる抵抗体。

イモヅル式解説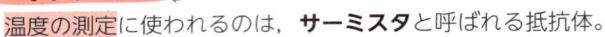

サーミスタ〈＝thermistor, thermally sensitive resistor〉（**ア**）は，**温度変化**に反応して抵抗値が変化する性質を利用し，温度の測定などに使われる電気回路である。

超音波センサ〔➡Q022〕（イ）	超音波を発信し，対象物からの反射を感知することで，距離などの情報を測定するセンサ。
フォトトランジスタ（ウ）	光の照射により生じた電流を増幅して検出する素子。赤外線の受光などに使用される。
ポテンショメータ（エ）	可動するつまみなどで電気抵抗を変化させる部品。カメラのズームレンズやオーディオのボリュームなどに使用される。
CCDイメージセンサ	**CCD**〈＝Charge Coupled Device〉を利用した撮像素子。デジタルカメラなどで普及している。
CMOSイメージセンサ	**CMOS**〈＝Complementary Metal Oxide Semiconductor〉を利用した撮像素子。CCDより低コスト。

ちょっと深掘り　TOF

体温ではなく，三次元情報の測定手法としては，光源から照射されたレーザなどの光が対象物に当たり，反射して，センサに届くまでの時間により測定するTOF〈＝Time Of Flight〉がある。

正解　ア

Q022
自動車の先進運転支援システムで使用されるセンサーの説明のうち，適切なものはどれか。

ア 可視光カメラは，天候などの影響を受けやすいが，交通標識の認識に使用できる。

イ 超音波センサは，天候などの影響を受けやすいが，測定可能距離が500メートル以上と長い。

ウ ミリ波レーダーは，天候などの影響を受けにくく，交通信号機の灯色の判別に使用できる。

エ レーザーレーダーは，天候などの影響を受けにくく，建物の後ろにある物体を検知できる。

サクッと正解

　自動車の先進運転支援システムに使われるセンサーのうち，**可視光カメラ**は人間の目で認識できる光で画像などを記録するカメラである。

イモヅル式解説

　可視光カメラは，歩行者などの物体の検出や車線の認識，標識などに利用されている。雨などの天候や夜などの照度の影響を受けやすいが，**補助照明**などと組み合わせて利用される。

イ **超音波センサ**は，超音波を発信し，その反射波を測定することで，対象物の検知及び対象物までの距離の計測などを行う。**ソナー**とも呼ばれる。近距離の物体検知や駐車支援などに利用され，「測定可能距離が500メートル以上と長い」は誤り。

ウ **ミリ波レーダー**は，ミリ波帯の電波を発信し，その反射波を測定することで，対象物の検知及び対象物までの距離の計測などを行う。**クルーズコントロール**や**衝突回避システム**などに利用され，「交通信号機の灯色の判別」ではない。

エ **レーザーレーダー**は，パルス状のレーザーを発信し，反射光などで対象物の検知及び対象物までの距離の計測などを行う。レーザー光は拡散するので，雨などの天候の影響を受けやすい。

📖 イモヅル復習問題 ➡ **Q021**

正解　**ア**

Q023

JavaScriptの言語仕様のうち，オブジェクトの表記法などの一部の仕様を基にして規定したものであって，"名前と値の組みの集まり"と"値の順序付きリスト"の2つの構造に基づいてオブジェクトを表現する，データ記述の仕様はどれか。

ア DOM　　**イ** JSON　　**ウ** SOAP　　**エ** XML

サクッと正解

"名前と値の組みの集まり"と"値の順序付きリスト"に基づいてオブジェクトを表現するデータ記述の仕様は，**JSON**である。

イモヅル式解説

JSON〈＝JavaScript Object Notation〉（**イ**）は，「:」で連結した名前と値の組みを，「,」で区切って指定するデータ形式である。4つの**プリミティブ型**（文字列，数値，ブール値，null）と，2つの**構造化型**（オブジェクト，配列）を表現できる。テキストベースで軽量であり，言語に依存しないデータ交換フォーマットとして活用されている。

DOM〈＝Document Object Model〉（**ア**）	XMLやHTMLなどのマークアップ言語で記述された文書を操作するためのインタフェース。**DHTML**（ダイナミックHTML）の実現のために用いられる。
SOAP〈＝Simple Object Access Protocol〉（**ウ**）	Webサービスの送受信プログラム間で，XML形式のメッセージを受け渡す**遠隔手続き呼び出し**（RPC）のためのプロトコル。
XML〈＝eXtensible Markup Language〉（**エ**）	Webサービスなどを作成する際に，ユーザがタグを独自に定義できるマークアップ言語。
WS-RM〈＝Web Services-Reliable Messaging〉	Webサービスのプログラム間の配信保証や重複防止など，**データ伝送の信頼性**を確保するプロトコル。
WSDL〈＝Web Services Description Language〉	Webサービスのインタフェースを記載し，プログラムから**Webサービスの利用**を可能にするWebサービス記述言語。

正解　**イ**

Q024

オブジェクト指向プログラミングにおいて，同一クラス内に，**メソッド名が同一**であって，**引数の型**，**個数又は並び順が異なる複数のメソッドを定義する**ことを何と呼ぶか。

ア　オーバーライド
イ　オーバーロード
ウ　カプセル化
エ　汎化

サクッと正解

同一クラス内に，メソッド名が同一で，引数の型，個数などが異なる複数のメソッドを定義することを，**オーバーロード**という。

イモヅル式解説

オブジェクト指向プログラミングは，オブジェクトが相互にメッセージを送ることで協調して動作し，プログラム全体の機能を実現する。
オーバーロード（**イ**）とは，同じメソッド名で，引数の型や個数などが異なるバージョンを多重に定義すること。

オブジェクト指向に関する用語をまとめて覚えよう。

オーバーライド（**ア**）	**スーパークラス**で定義されているメソッドを，**サブクラス**で動作を再定義すること。
カプセル化（**ウ**）	オブジェクト指向プログラミングにおいて，属性と振る舞いを**1つの単位**にまとめ，外部から利用できるようにすること。
汎化（**エ**）	「ITパスポートと基本情報技術者と応用情報技術者をまとめて情報処理技術者として定義する」というように，下位クラスの共通する性質をまとめ，**抽象化したクラス**を構成すること。
特化	「情報処理技術者をITパスポートと基本情報技術者と応用情報技術者に分けて扱う」というように，上位クラスの性質を分解し，**具現化したクラス**を構成すること。

正解　**イ**

Q025

オブジェクト指向のプログラム言語であり，クラスや関数，条件文などの**コードブロックの範囲はインデントの深さによって指定する**仕様であるものはどれか。

ア JavaScript
イ Perl
ウ Python
エ Ruby

サクッと正解

コードブロックの範囲を**インデントの深さ**で指定するプログラム言語は，**Python**である。

イモヅル式解説

Pythonは，簡潔で読みやすい文法が特徴的な，オブジェクト指向〔→Q024〕における高水準のプログラミング言語である。**UNIX系OS**を中心に広く普及している。

コードブロックとは，プログラミング言語の記述において，1まとまりのコードであることを表現すること。たとえばC言語では，{ }を使ってコードブロックの範囲を指定する。Pythonでは，**インデントの深さ**によってコードブロックの範囲を指定するため，カッコなどを使う必要はない。

JavaScript（ア）と**Perl**（イ）は，{ }で囲んでコードブロックの範囲を指定する。

Ruby（エ）は，特定のキーワードとendで囲んでコードブロックの範囲を指定する。

ちょっと深掘り TypeScript

JavaScriptの上位互換スクリプト言語に，変数の静的型付けができるTypeScriptがある。Webプログラミングなどで用いられる。

イモヅル復習問題 → Q024

正解 **ウ**

Q 026

ディープラーニングの学習にGPUを用いる利点として，適切なものはどれか。

ア 各プロセッサコアが独立して異なるプログラムを実行し，異なるデータを処理できる。

イ 汎用の行列演算ユニットを用いて，行列演算を高速に実行できる。

ウ 浮動小数点演算ユニットをコプロセッサとして用い，浮動小数点演算ができる。

エ 分岐予測を行い，パイプラインの利用効率を高めた処理を実行できる。

サクッと正解

ディープラーニングの学習に**GPU**を用いるのは，行列演算を高速に実行するためである。

イモヅル式解説

GPU〈=Graphics Processing Unit〉は，**3DCG**（三次元コンピュータグラフィックス）の画像処理などを，**CPU**に代わって高速に実行する演算装置である。CPUを補助する演算装置としても活用される。

ディープラーニング〔➡Q087〕では，3DCGなどの処理を行うときに，数や式などを矩形状に配列した行列の演算を含む**並列演算**が膨大な量になることがある。このような場合に，汎用の行列演算ユニットを用いて演算を高速に実行できる（**イ**）GPUが活用される。

ア 各プロセッサコアが独立してプログラムを実行し，異なるデータを処理できるのは，**マルチコアCPU**を用いる利点である。

ウ 浮動小数点演算ユニットをコプロセッサとすることで浮動小数点演算ができるのは，**FPU**〈=Floating Point Unit〉を用いる利点である。

エ 一般にGPUは分岐予測などの命令制御には不向きで，定型的な処理に向くとされている。

正解 **イ**

Q027 CPUの**スタックポインタ**が示すものとして，最も適切なものはどれか。

ア　サブルーチン呼出し時に，戻り先アドレス，レジスタの内容などを格納するメモリのアドレス

イ　次に読み出す機械語命令が格納されているアドレス

ウ　メモリから読み出された機械語命令

エ　割込みの許可状態，及び条件分岐の判断に必要な演算結果の状態

サクッと正解

スタックポインタが示すのは，スタックに置かれた**データの先頭のアドレス**。

イモヅル式解説

　スタックポインタは，データを保持する機能をもつレジスタの１つである。**スタック**〔➡Q016〕と呼ばれるメモリ領域の現在の操作位置を保持する役割がある。

　サブルーチンは，プログラムの中で繰り返し利用されるひとまとまりの処理をモジュール（部品）として扱うものである。スタックポインタでは，サブルーチンを呼び出したときの戻り先のアドレスやレジスタの内容などを，一時的にスタックに退避するときに格納するアドレス（**ア**）を示している。

イ　読み出す機械語命令が格納されているアドレスは，**プログラムカウンタ（プログラムレジスタ）**〔➡Q028〕が示すものである。

ウ　メモリから読み出された機械語命令は，**命令レジスタ**が示すものである。

エ　割込みの許可状態及び条件分岐の判断に必要な演算結果の状態は，**フラグ（ステータス）レジスタ**が示すものである。

イモヅル復習問題 ➡Q016　　　　　　　　　　正解　**ア**

Q028 CPUの**プログラムレジスタ（プログラムカウンタ）の役割**はどれか。

ア 演算を行うために，メモリから読み出したデータを保持する。

イ 条件付き分岐命令を実行するために，演算結果の状態を保持する。

ウ 命令のデコードを行うために，メモリから読み出した命令を保持する。

エ 命令を読み出すために，次の命令が格納されたアドレスを保持する。

サクッと正解

CPUの**プログラムレジスタ（プログラムカウンタ）**の役割とは，次の命令が格納されたアドレスを保持すること。

イモヅル式解説

プログラムレジスタ（プログラムカウンタ）は，CPUに内蔵されている専用レジスタの１つである。**呼出し（フェッチ）**を行って次に実行すべき命令が格納されているメモリ上の番地（**アドレス**）を保持する（**エ**）役割を担っている。

命令が実行されると，プログラムレジスタ（プログラムカウンタ）には，読み込んだ命令の長さが加算され，次の命令のアドレスを指すことになる。分岐命令の場合は，分岐してジャンプするアドレスをプログラムレジスタ（プログラムカウンタ）にセットし，命令の実行順序を制御する。

ア 演算を行うために，メモリから読み出したデータを保持するのは，**ジェネラル（汎用）レジスタ**の役割である。

イ 条件付き分岐命令を実行するために，演算結果の状態を一時的に保持するのは，**アキュムレータ**の役割である。

ウ 命令を復元するデコードを行うために，メモリから読み出した命令を保持するのは，**命令レジスタ**の役割である。

 **イモヅル復習問題** ➡ Q027

正解 **エ**

Q029

表に示す命令ミックスによるコンピュータの処理性能は，何MIPSか。

命令種別	実行速度（ナノ秒）	出現頻度（%）
整数演算命令	10	50
移動命令	40	30
分岐命令	40	20

ア 11　**イ** 25　**ウ** 40　**エ** 90

サクッと 正解

3種類の命令の**実行時間**を算出して次の式で計算する。
MIPS＝1秒÷1命令の平均実行時間÷100万回

イモヅル式 解説

MIPS〈=Million Instructions Per Second〉は，1秒間に何百万回の命令が実行できるかを表す指標である。計算は次のように行う。

①実行速度と出現頻度を**乗算**して1命令当たりの**平均実行時間**を計算する

整数演算命令（**10×0.5**）
＋移動命令（**40×0.3**）
＋分岐命令（**40×0.2**）
＝5＋12＋8＝25ナノ秒

②25ナノ秒の命令を1秒間に実行できる回数を計算する
（ナノ＝10^{-9}倍）
1秒÷25ナノ秒＝**1,000,000,000**ナノ秒÷25ナノ秒
　　　　　　　＝**40,000,000回**

③MIPSを求めるために単位を百万回に変換する
40,000,000回÷1,000,000回＝40MIPS

正解　**ウ**

Q030 メモリインタリーブの説明はどれか。

ア CPUと磁気ディスク装置との間に半導体メモリによるデータバッファを設けて，磁気ディスクアクセスの高速化を図る。

イ 主記憶のデータの一部をキャッシュメモリにコピーすることによって，CPUと主記憶とのアクセス速度のギャップを埋め，メモリアクセスの高速化を図る。

ウ 主記憶へのアクセスを高速化するために，アクセス要求，データの読み書き及び後処理が終わってから，次のメモリアクセスの処理に移る。

エ 主記憶を複数の独立したグループに分けて，各グループに交互にアクセスすることによって，主記憶へのアクセスの高速化を図る。

サクッと正解

主記憶を複数の**グループに分けて交互にアクセスする**ことで高速化を図る手法を，**メモリインタリーブ**という。

イモヅル式解説

メモリインタリーブは，主記憶を**バンク**と呼ばれる複数の独立したグループに分け，CPUからのアクセス要求を並列に処理できるようにすることで，主記憶へのアクセスの高速化を図る（**エ**）方法である。アクセス要求，データの読み書き及び後処理が終わってから，次のメモリアクセスの処理に移る（**ウ**）という排他制御は，高速化と関係がない。

ディスク キャッシュ	CPUと磁気ディスク装置との間に，半導体メモリによるデータの緩衝領域である**バッファ**を設け，CPUと磁気ディスク装置との処理時間の差を補うことで，アクセスの高速化を図る（**ア**）。
キャッシュ メモリ	主記憶のデータの一部をコピーすることで，CPUと主記憶とのアクセス速度のギャップを埋め，メモリアクセスの高速化を図る（**イ**）。

正解 **エ**

Q031

次の特徴をもつプログラム言語及び実行環境であって，**オープンソースソフトウェアとして提供されているもの**はどれか。

〔特徴〕

・**統計解析や機械学習の分野**に適している。

・データ分析，グラフ描画などの，多数のソフトウェアパッケージが提供されている。

・**変数自体には型がなく，変数に代入されるオブジェクトの型は実行時に決まる**。

ア Go イ Kotlin
ウ R エ Scala

サクッと正解

統計解析や機械学習の分野に適したプログラミング言語には，**R**がある。

イモヅル式解説

R（R言語）（**ウ**）は，統計解析や**機械学習**などに向けたプログラミング言語及び開発・実行のための環境であり，**オープンソースソフトウェア**〔➡Q050〕として提供されている。変数自体に型がなく，実行時の値によって型が決まる**動的型付け言語**である。

Go（ア）	Googleが開発したオープンソースのプログラム言語。型が決まっている**静的型付け言語**であり，高速処理が可能，メモリの安全性が高い，マルチプラットフォームに対応している，などの特徴がある。
Kotlin（イ）	静的型付けの**オブジェクト指向**プログラミング言語。**Android**アプリの開発言語として認定されている。**Java仮想マシン**上で動作する。
Scala（エ）	オブジェクト指向言語と**関数型言語**の特徴を統合した静的型付けのプログラミング言語。Java仮想マシン上で動作する。

イモヅル復習問題 ➡ Q026　　　　　　正解 **ウ**

Q032 3D映像の立体視を可能とする仕組みのうち，**アクティブシャッタ方式**の説明として，適切なものはどれか。

ア 専用の特殊なディスプレイに右目用，左目用の映像を同時に描画し，網目状のフィルタを用いてそれぞれの映像が右目と左目に入るようにして，裸眼立体視を可能とする。

イ ディスプレイに赤色と青色で右目用，左目用の映像を重ねて描画し，一方のリム（フレームにおいてレンズを囲む部分）に赤，他方のリムに青のフィルタを付けた眼鏡で見ることによって，立体視を可能とする。

ウ ディスプレイに右目用，左目用の映像を交互に映し出し，眼鏡がそのタイミングに合わせて左右それぞれ交互に透過，遮断することによって，立体視を可能とする。

エ ディスプレイに右目用，左目用の映像を同時に描画し，フィルタを用いてそれぞれの映像の光の振幅方向を回転して，透過する振幅方向が左右で異なる偏光眼鏡で見ることによって，立体視を可能とする。

1

テクノロジ系

サクッと正解

アクティブシャッタ方式は，3D映像の立体視を可能とするもので，右目用と左目用の映像を交互に映し出す。

イモヅル式解説

アクティブシャッタ方式は，左右の目の映像を交互に映し出す（**ウ**）。そのほかの3D映像の立体視の手法も押さえておこう。

パララックスバリア方式	左右の目の視差を利用し，立体視を可能とする仕組み。専用のディスプレイに右目用，左目用の映像を同時に描画する（**ア**）。
アナグリフ方式	専用の眼鏡を使い，立体視を可能とする仕組み。赤色と青色で右目用，左目用の映像を重ねて描画する（**イ**）。
偏光フィルタ方式	偏光ディスプレイと偏光眼鏡を使い，立体視を可能とする仕組み。ディスプレイに右目用，左目用の映像を同時に描画する（**エ**）。

正解 **ウ**

Q033 グリッドコンピューティングの説明はどれか。

ア OSを実行するプロセッサ，アプリケーションソフトウェアを実行するプロセッサというように，それぞれの役割が決定されている複数のプロセッサによって処理を分散する方式である。

イ PCから大型コンピュータまで，ネットワーク上にある複数のプロセッサに処理を分散して，大規模な1つの処理を行う方式である。

ウ カーネルプロセスとユーザプロセスを区別せずに，同等な複数のプロセッサに処理を分散する方式である。

エ プロセッサ上でスレッド（プログラムの実行単位）レベルの並列化を実現し，プロセッサの利用効率を高める方式である。

サクッと正解

グリッドコンピューティングとは，ネットワーク上にある複数のプロセッサに処理を分散する方式。

イモヅル式解説

グリッドコンピューティングは，PCから大型コンピュータまで複数のコンピュータをネットワークでつなぎ，処理能力の高いシステムを作り出すことで，大規模な処理を行う方式である（**イ**）。

非対称型マルチプロセッサシステム	OSの基幹となるカーネルを実行するプロセッサとアプリケーションを実行するプロセッサというように，あらかじめ役割が決められている複数のプロセッサによって処理を分散する方式（**ア**）。
対称型マルチプロセッサシステム	OSのカーネルプロセスと利用者が起動するユーザプロセスを区別せず，同等な複数のプロセッサに処理を分散する方式（**ウ**）。
マルチスレッド	処理を行うプロセッサ上で，プログラムの実行単位であるスレッドに処理を分解し，並列化を実現することで，プロセッサの利用効率を高める方式（**エ**）。

正解 **イ**

Q034　スーパスカラの説明として，適切なものはどれか。

ア 1つのチップ内に複数のプロセッサコアを実装し，複数のスレッドを並列に実行する。

イ 1つのプロセッサコアで複数のスレッドを切り替えて並列に実行する。

ウ 1つの命令で，複数の異なるデータに対する演算を，複数の演算器を用いて並列に実行する。

エ 並列実行可能な複数の命令を，複数の演算器に振り分けることによって並列に実行する。

サクッと正解

スーパスカラとは，並列実行可能な複数の命令を複数の演算器に振り分けることで並列に実行すること。

イモヅル式解説

スーパスカラは，複数の命令を同時に呼び出し（**フェッチ**〔➡Q028〕），**命令パイプライン**上で複数の命令を同時に実行する（**エ**）仕組みである。関連する用語をまとめて覚えよう。

マルチコアプロセッシング	1つのチップ内に複数のプロセッサコアを実装することで，複数のスレッドを並列に実行する（**ア**）。
マルチタスク	1つのプロセッサコアを使い，複数のスレッドを切り替えて並列に実行する（**イ**）。
SIMD〈=Single Instruction, Multiple Data〉	1つの命令を複数の異なるデータに適用し，同時に複数の演算器で並列に実行する（**ウ**）。
スーパーパイプライン	パイプライン処理をさらに分割し，複数のスレッドを並列に実行する。
グリッドコンピューティング〔➡Q033〕	多数のPCをネットワークで接続して協調させることで，処理能力を高めて動作させる。

イモヅル復習問題 ➡ Q033　　　　正解 **エ**

Q035

密結合マルチプロセッサの性能が，1台当たりのプロセッサの性能とプロセッサ数の積に**等しくならない要因**として，最も適切なものはどれか。

ア　主記憶へのアクセスの競合
イ　通信回線を介したプロセッサ間通信
ウ　プロセッサのディスパッチ処理
エ　割込み処理

サクッと正解

　密結合マルチプロセッサでは，主記憶へのアクセスの競合などで待ち時間が発生する場合がある。

イモヅル式解説

　密結合マルチプロセッサは，複数のプロセッサが主記憶を共有し，共通のOSによって制御されるシステムである。これに対して，**疎結合マルチプロセッサ**は，複数のプロセッサが個々に主記憶を有し，別々のOSによって制御されるシステムである。

　密結合マルチプロセッサでは，複数のプロセッサが同一のメモリ領域にアクセスすると，共有している主記憶へのアクセスの競合（**ア**）を避ける排他処理が必要になり，待ち時間が発生する場合がある。

イ　通信回線を介したプロセッサ間通信を行うのは，疎結合マルチプロセッサシステムである。

ウ　プロセッサの**ディスパッチ処理**は，複数のリソースから選択して処理を割り当て，実行状態にすることであり，マルチプロセッサの性能や仕組みが要因ではない。

エ　**割込み処理**は，プロセッサが実行している処理を一時的に中断して別の処理を実行させることであり，マルチプロセッサの性能や仕組みが要因ではない。

イモヅル
復習問題　➡ Q033

正解　**ア**

Q036 ページング方式の仮想記憶において，**ページ置換えの発生頻度が高くなり，システムの処理能力が急激に低下することがある。このような現象を何と呼ぶか。**

ア　スラッシング
イ　スワップアウト
ウ　フラグメンテーション
エ　ページフォールト

サクッと正解

ページング方式の仮想記憶でページの置換えが頻発し，処理能力が低下する現象は，**スラッシング**である。

イモツル式解説

ページング方式〔➡Q038〕とは，仮想記憶の設計方法の1つ。**仮想記憶空間**と**実記憶空間**をページと呼ばれる固定長の領域に区切り，このページ単位で容量の割当てを管理する方式である。割り当てられる実記憶の容量が小さいと，**ページアウト**と**ページイン**が頻発する。このページ置換えの発生頻度が高くなり，システムの処理能力が急激に低下することを**スラッシング**（ア）という。

また，必要なページが主記憶に存在しない場合に発生する**割込み**〔➡Q035〕を**ページフォールト**（エ）〔➡Q038〕と呼ぶ。

スワップアウト（イ）は，主記憶で長く待ち状態にあるプログラムを補助記憶に退避させることである。

フラグメンテーション（ウ）は，OSが記憶領域の割当てと解放を繰り返すことで，細切れの未使用領域が多数発生する**断片化**〔➡Q042〕のことで，全体では十分な空き領域があるのに，必要とするメモリ領域を獲得できなくなることがある。なお，フラグメンテーションを解消するための作業を**デフラグメンテーション**（**デフラグ**）と呼ぶ。

イモツル復習問題 ➡ Q035

正解　ア

Q037

キャッシュメモリへの書込み動作には，**ライトスルー方式とライトバック方式がある**。それぞれの特徴のうち，適切なものはどれか。

ア ライトスルー方式では，データをキャッシュメモリにだけ書き込むので，高速に書込みができる。

イ ライトスルー方式では，データをキャッシュメモリと主記憶の両方に同時に書き込むので，主記憶の内容は常に最新である。

ウ ライトバック方式では，データをキャッシュメモリと主記憶の両方に同時に書き込むので，速度が遅い。

エ ライトバック方式では，読出し時にキャッシュミスが発生してキャッシュメモリの内容が追い出されるときに，主記憶に書き戻す必要が生じることはない。

サクッと正解

ライトスルー方式は，データをキャッシュメモリと主記憶の両方に同時に書き込む方式。

イモヅル式解説

ライトスルー方式では，キャッシュメモリと主記憶の両方に同時に書込みを行うので，主記憶の内容は常に最新である（**イ**）。

ア キャッシュメモリにだけデータの書込みを行うことで高速に書き込めるのは，**ライトバック方式**の特徴である。

ウ キャッシュメモリと主記憶の両方に同時にデータを書き込むため，速度が遅くなるのは，ライトスルー方式の特徴である。

エ ライトバック方式では，対象となる命令やデータがキャッシュに存在しない**ミスヒット**によってキャッシュメモリの内容が変更される際，追い出されるデータを主記憶に書き戻す必要がある。

ライトスルー方式	キャッシュメモリと主記憶の両方に同時にデータを書き込む。
ライトバック方式	CPUが書込み動作を行う際，キャッシュメモリにだけデータを書き込む。

イモヅル復習問題 → Q030

正解 **イ**

Q038

ページング方式の仮想記憶において，**ページアクセス時に発生する事象**をその回数の多い順に並べたものはどれか。ここで，$A \geqq B$は，Aの回数がBの回数以上，$A = B$は，AとBの回数が常に同じであることを表す。

ア ページアウト≧ページイン≧ページフォールト
イ ページアウト≧ページフォールト≧ページイン
ウ ページフォールト＝ページアウト≧ページイン
エ ページフォールト＝ページイン≧ページアウト

サクッと正解

ページフォールトはページインを伴うが，ページインでページアウトが発生するとは限らない。

イモヅル式解説

ページング方式とは，メモリの領域を一定の大きさ（ページ）で分割し，仮想アドレスで管理する方式である。ページング方式の仮想記憶では，補助記憶である**仮想記憶空間**と主記憶である**実記憶空間**を，固定長の領域に区切り，対応付けて管理される。

ページフォールト	必要なページが主記憶にないときに発生する割込み処理。
ページイン	仮想記憶にあるページを主記憶に移動させる処理。
ページアウト	主記憶にあるページを仮想記憶に移動させる処理。

必要なページが主記憶にないとき，ページフォールトが発生してページインが行われるので，ページフォールトの回数＝ページインの回数である。このとき，主記憶に空き領域がなければ，**ページアウト**が発生するが，空き領域があれば発生しないので，ページイン≧ページアウトである。これらを統合すると，ページフォールト＝ページイン≧ページアウト（**エ**）となる。

イモヅル復習問題 ➡ Q036

正解 **エ**

Q039

仮想記憶方式で，デマンドページングと比較したときのプリページングの特徴として，適切なものはどれか。ここで，主記憶には十分な余裕があるものとする。

ア 将来必要と想定されるページを主記憶にロードしておくので，実際に必要となったときの補助記憶へのアクセスによる遅れを減少できる。

イ 将来必要と想定されるページを主記憶にロードしておくので，ページフォールトが多く発生し，OSのオーバヘッドが増加する。

ウ プログラムがアクセスするページだけをその都度主記憶にロードするので，主記憶への不必要なページのロードを避けることができる。

エ プログラムがアクセスするページだけをその都度主記憶にロードするので，将来必要となるページの予想が不要である。

サクッと正解

プリページングの特徴とは，必要と想定されるページを主記憶にロードしておくので，必要となったときの遅れを減少できること。

イモヅル式解説

デマンドページングとは，主記憶へのアクセス要求があったページだけをロードする（読み込む）方式。一方，**プリページング**は，アクセス要求がある前に，将来必要と想定されるページを主記憶にロードしておく方式である。あらかじめ主記憶にロードされているので，実際に必要となったときの補助記憶へのアクセスによる遅れを減少できる（**ア**）。

イ **ページフォールト** 〔→Q038〕は，必要なページが主記憶にないときに発生する。主記憶に余裕があるときは，プリページングで事前に多くのページをロードできるので，ページフォールトは少なくなり，OSの**オーバヘッド** 〔→Q043〕は減少する。

ウ・エ プログラムがアクセスするページだけをその都度主記憶にロードするのは，デマンドページングの特徴である。

📖 イモヅル復習問題 → Q036，Q038　　　　正解　**ア**

Q 040 プログラム実行時の主記憶管理に関する記述として, 適切なものはどれか。

ア 主記憶の空き領域を結合して1つの連続した領域にすることを, 可変区画方式という。

イ プログラムが使用しなくなったヒープ領域を回収して再度使用可能にすることを, ガーベジコレクションという。

ウ プログラムの実行中に主記憶内でモジュールの格納位置を移動させることを, 動的リンキングという。

エ プログラムの実行中に必要になった時点でモジュールをロードすることを, 動的再配置という。

サクッと正解

プログラムの実行中に主記憶を管理する機能には, ヒープ領域を再度使用可能にする**ガーベジコレクション**などがある。

イモヅル式解説

記憶領域の動的な確保及び解放を繰り返すことで, どこからも利用されない記憶領域が発生することがある。このような記憶領域を再び利用可能にする機能を**ガーベジコレクション**という（**イ**）。本来のガーベジ（garbage）とは, ごみやがらくたの意味。**ヒープ領域（ヒープメモリ）**は, OSが任意に確保したり開放したりするメモリ領域である。なお, 親要素が複数の子要素をもつ**木構造**のデータ構造もヒープ（heap）と呼んでいる。

ア 主記憶の空き領域を結合して1つの連続した領域にすることは, **メモリコンパクション**などである。**可変区画方式**とは, プログラムの実行ごとに必要なメモリの領域を割り当てる方式のこと。なお, 外部記憶装置の断片化した領域を, 連続した領域に再編することを**デフラグメンテーション**という。

ウ プログラムの実行中に主記憶内でモジュールの格納位置を移動させるのは, **動的再配置**である。

エ プログラムの実行中に必要になった時点でモジュールをロードするのは, **動的リンキング**である。

イモヅル復習問題 ➡ Q017, Q038, Q039

正解 **イ**

Q 041

ジョブの多重度が1で，到着順にジョブが実行される
システムにおいて，表に示す状態のジョブA～Cを
処理するとき，ジョブCが到着してから実行が終了す
るまでのターンアラウンドタイムは何秒か。ここで，
OSのオーバヘッドは考慮しない。

単位 秒

ジョブ	到着時刻	処理時間 (単独実行時)
A	0	5
B	2	6
C	3	3

ア 11　**イ** 12　**ウ** 13　**エ** 14

サクッと正解

処理時間の合計からジョブCの到着時刻を引く。

A5秒＋B6秒＋C3秒－C3＝11秒

イモヅル式解説

　ジョブとは，ユーザから見たひとまとまりの処理の単位。設問の「ジョブの多重度が1」とは，処理を1つずつ行うことであり，複数の処理を同時に行わないという意味である。

　ターンアラウンドタイムは，利用者が処理要求を行ってから実行結果の出力が終了するまでの時間である。

　ジョブCの処理要求が3秒後に到着してから実行が終了するまでのターンアラウンドタイムは次のとおり。

　　ジョブAの処理時間5秒
　　＋ジョブBの処理時間6秒
　　＋ジョブCの処理時間3秒
　　－**ジョブCの到着時刻3秒**
　　＝**11秒**

正解　**ア**

Q042 ストレージ技術における<mark>シンプロビジョニング</mark>の説明として，適切なものはどれか。

ア 同じデータを複数台のハードディスクに書き込み，冗長化する。

イ 1つのハードディスクを，OSをインストールする領域とデータを保存する領域とに分割する。

ウ ファイバチャネルなどを用いてストレージをネットワーク化する。

エ 利用者の要求に対して仮想ボリュームを提供し，物理ディスクは実際の使用量に応じて割り当てる。

サクッと正解

シンプロビジョニングは，ユーザに仮想ボリュームを提供し，実際の使用量に応じて物理ディスクを割り当てる仕組み。

イモツル式解説

プロビジョニング〈=Provisioning〉とは，新規ユーザや新しい需要が発生したときに，リソースの配分や設定などを行って利用可能な状態にする工程。**シンプロビジョニング**〈=Thin Provisioning〉は，実際の物理ディスクより大きな容量の仮想ストレージ（外部記憶装置）を提供し，物理ディスクは必要になったときに割り当てる仕組みである（**エ**）。関連する用語をまとめて覚えよう。

ミラーリング	同じデータを複数台のハードディスクに書き込み，**冗長化**〔➡Q078〕させて信頼性を向上させる仕組み（**ア**）。
ストライピング	データを分割して複数台のハードディスクに同時に書き込み，処理速度を向上させる仕組み。
パーティション分割〈=Partitioning〉	1つのハードディスクを，OSのインストール領域とデータの保存領域とに仮想的に分割して利用すること（**イ**）。
ストレージエリアネットワーク	ハードディスクなどのストレージやサーバを**ファイバチャネル**などでネットワーク化した，ストレージ専用のネットワーク（**ウ**）。

正解 **エ**

Q043　システムの性能を向上させるための方法として，**スケールアウトが適しているシステム**はどれか。

ア　一連の大きな処理を一括して実行しなければならないので，並列処理が困難な処理が中心のシステム

イ　参照系のトランザクションが多いので，複数のサーバで分散処理を行っているシステム

ウ　データを追加するトランザクションが多いので，データの整合性を取るためのオーバヘッドを小さくしなければならないシステム

エ　同一のマスタデータベースがシステム内に複数配置されているので，マスタを更新する際にはデータベース間で整合性を保持しなければならないシステム

サクッと正解

スケールアウトは，分散処理を行っているシステムに適した性能向上の方法である。

イモヅル式解説

スケールアウトは，装置の台数を増やすことでシステムの性能を向上させる方法である。個々の装置の性能を上げることで，システムの性能を向上させる方法は**スケールアップ**という。複数のサーバで分散処理を行っているシステム（**イ**）は，サーバの台数を増やすことが可能なので，スケールアウトが適している。

ア　複数の装置で同時に処理を行う**並列処理**が困難な処理が中心のシステムに，スケールアウトは適さない。

ウ　データの整合性を取る**オーバヘッド**（本来の処理に付随して必要な付加的な処理）を小さくしなければならないシステムは，整合性維持の処理を減らす必要があり，スケールアウトは適さない。

エ　マスタを更新する際にデータベース間で整合性を保持しなければならないシステムでは，装置の台数を増やすことになるスケールアウトは適さない。

イモヅル復習問題 → Q033，Q034　　　　　正解　**イ**

Q044 システムの信頼性設計に関する記述のうち，適切なものはどれか。

ア フェールセーフとは，利用者の誤操作によってシステムが異常終了してしまうことのないように，単純なミスを発生させないようにする設計方法である。

イ フェールソフトとは，故障が発生した場合でも機能を縮退させることなく稼動を継続する概念である。

ウ フォールトアボイダンスとは，システム構成要素の個々の品質を高めて故障が発生しないようにする概念である。

エ フォールトトレランスとは，故障が生じてもシステムに重大な影響が出ないように，あらかじめ定められた安全状態にシステムを固定し，全体として安全が維持されるような設計方法である。

サクッと正解

システムの信頼性設計の方法の1つとして，**フォールトアボイダンス**は，品質を高めることで故障しないようにする概念。

イモヅル式解説

フォールトアボイダンスとは，システムを構成する要素1つひとつの品質を高め，故障が発生しないようにする考え方である（**ウ**）。

ア 利用者が誤った操作をしても，システムに異常が発生しないようにする設計方法は，**フールプルーフ**である。

イ 装置が故障しても，システム全体の機能に影響がないように，二重化などの冗長な構成とする設計方法は，**フォールトトレランス**である。

エ 装置が故障したときは，システムが安全に停止するようにして，被害を最小限に抑える設計方法は，**フェールセーフ**である。

なお，装置が故障したときに，利用できる機能を制限したり，処理能力を低下させたりしても，システムを稼働させる設計方法を，**フェールソフト**という。

正解 **ウ**

Q045 組込みシステムにおける，**ウォッチドッグタイマ**の機能はどれか。

ア あらかじめ設定された一定時間内にタイマがクリアされなかった場合，システム異常とみなしてシステムをリセット又は終了する。

イ システム異常を検出した場合，タイマで設定された時間だけ待ってシステムに通知する。

ウ システム異常を検出した場合，マスカブル割込みでシステムに通知する。

エ システムが一定時間異常であった場合，上位の管理プログラムを呼び出す。

サクッと正解

ウォッチドッグタイマは，**一定時間内にタイマがクリアされなかった場合，システム異常とみなす。**

イモヅル式解説

ウォッチドッグタイマ〈=Watchdog Timer；WDT〉は，設定した時間内に処理が進まず，クリア（リセット）されるはずのタイマがそのまま進んでタイムアウトする場合などに，システム異常を通知してシステムのリセットや終了を行う（**ア**）機能をもつ。この通知は，**ノンマスカブル割込み**〈=Non Maskable Interrupt；NMI〉の１つであり，割込み要求を拒否・禁止できない。システムに致命的な障害があるなどの緊急事態が発生したときに使われる。

イ システム異常を検知した場合は，すぐにシステムに通知するので，誤りである。

ウ **マスカブル割込み**〈=Maskable Interrupt〉は，要求を拒否できる割込み処理〔➡Q035〕なので，誤りである。

エ システムが一定時間異常の場合は，ウォッチドッグタイマにかかわらず通知をするので，誤りである。

イモヅル復習問題 ➡ Q035　　　　　正解 **ア**

コンピュータシステム

Q046
稼働率が等しい装置Xを直列や並列に組み合わせたとき，システム全体の稼働率を高い順に並べたものはどれか。ここで，装置Xの稼働率は0よりも大きく1未満である。

A
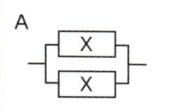

B
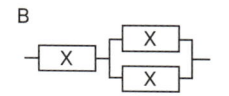

C
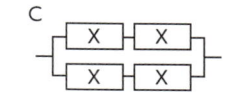

ア A, B, C   **イ** A, C, B
ウ C, A, B   **エ** C, B, A

サクッと正解

直列の稼働率は「稼働率×稼働率」，**並列**の稼働率は「1－(1－稼働率)×(1－稼働率)」で計算する。

イモヅル式解説

装置Xの稼働率をPとすると，装置Xを直列に2つ組み合わせた稼働率は，**P×P**である。装置Xを並列に2つ組み合わせた稼働率は，**1－(1－P)×(1－P)**である。

設問の図の稼働率は次のように計算できる。
Aの稼働率：1－(1－P)×(1－P)
Bの稼働率：P×{1－(1－P)×(1－P)}
Cの稼働率：1－(1－P×P)×(1－P×P)

設問文に「装置Xの稼働率は0よりも大きく1未満」とあるので，装置Xの稼働率Pを0.9として計算すると次のようになる。
Aの稼働率：1－(1－0.9)×(1－0.9)＝**0.99**
Bの稼働率：0.9×{1－(1－0.9)×(1－0.9)}＝**0.891**
Cの稼働率：1－(1－0.9×0.9)×(1－0.9×0.9)＝**0.9639**
この計算から，稼働率の高い順に並べると**A, C, B**（**イ**）になる。

正解 **イ**

Q047

MTBFを長くするよりも，MTTRを短くするのに役立つものはどれか。

ア エラーログ取得機能
イ 記憶装置のビット誤り訂正機能
ウ 命令再試行機能
エ 予防保守

サクッと正解

MTTRを短くしたいときは，障害の原因特定に役立つ**エラーログ取得機能**などを利用するとよい。

イモヅル式解説

MTBF〈=Mean Time Between Failures〉は，稼働を始めてから故障するまでの平均故障間隔である。**MTTR**〈=Mean Time To Repair〉とは平均復旧時間のこと。頭文字のRは，修復という意味でRestore，復旧という意味でRecoveryとする場合もある。

故障などの障害の原因が特定できれば修理・復旧も早くなるので，障害に関わる情報を記録・保存できる**エラーログ取得機能**があれば，MTTRは短くなる可能性がある（**ア**）。

イ **記憶装置のビット誤り訂正機能**は，障害を未然に防ぐことができる可能性があり，MTBFを長くすることができるが，修理時間には直接影響しない。

ウ **命令再試行機能**は，再試行することでシステムの停止を防ぐことができる可能性があり，MTBFを長くすることができるが，修理時間には直接影響しない。

エ **予防保守**〔➡Q132〕は，故障がなくても定期的に検査をすることで故障を未然に防ぎ，MTBFが長くなることが期待できるが，修理時間には直接影響しない。

正解　**ア**

コンピュータシステム

でる度 ★★☆

Q048

稼働率がxである装置を4つ組み合わせて，図のようなシステムを作ったときの稼働率を$f(x)$とする。**区間$0≦x≦1$における$y=f(x)$の傾向を表すグラフ**はどれか。ここで，破線は$y=x$のグラフである。

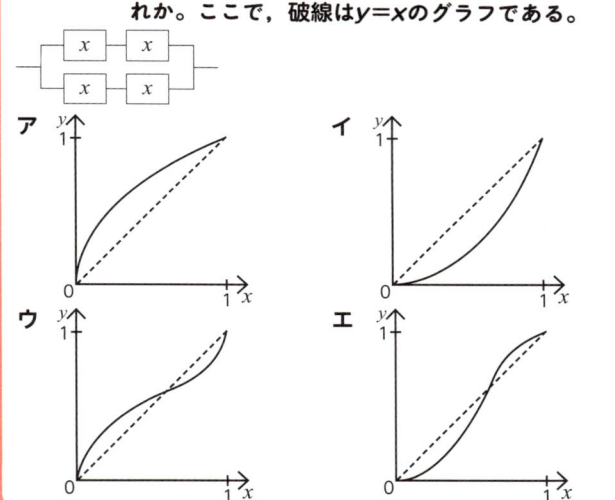

サクッと正解

稼働率は直列$x×x$，並列$(1-x)×(1-x)$で計算するため，このシステムでは，$1-(1-x^2)^2$

イモヅル式解説

2台が直列で接続され，それが並列に接続されているときの**稼働率**〔➡Q046〕を計算する。

①1台の稼働率がxなので，直列の部分がx^2

②上記①が並列になるので，$1-(1-x^2)^2$

この計算式では，xが0に近いときはxより**低い**稼働率になり，xが1に近いときはxより**高い**稼働率になる。選択肢を検討すると，そのようになっているグラフは，**エ**であることがわかる。

📖 **イモヅル復習問題** ➡ Q046，Q047

正解 **エ**

Q049　エネルギーハーベスティングの適用例として，適切なものはどれか。

ア　AC電源で充電したバッテリで駆動される携帯電話機
イ　インバータ制御を用いるエアーコンディショナの室外機
ウ　スイッチを押す力を電力に変換して作動するRFリモコン
エ　無停電電源装置を備えたデータサーバ

サクッと正解

エネルギーハーベスティングは，スイッチを押す力を電力に変換するなど，日常生活から電力を得る発電技術。

イモツル式解説

エネルギーハーベスティングとは，歩行や腕の動きなどによる振動，スイッチを押したときの力など，日常生活にある微少なエネルギーを電力に変換する技術のこと。環境発電技術とも呼ばれる。スイッチを押す力を電力に変換して作動する**RFリモコン**（**ウ**）は，エネルギーハーベスティングの技術の適用例といえる。RFリモコンは，赤外線ではなく無線を利用した，無指向に近い性質をもつリモコンである。

ア　コンセントから供給される**AC電源**で充電したバッテリを使う携帯電話機は，エネルギーハーベスティングの技術ではない。

イ　直流を交流に変換する**インバータ制御**〔➡Q057〕を用いるエアコンの室外機は，エネルギーハーベスティングの技術ではない。

エ　**無停電電源装置**〈＝UPS；Uninterruptible Power Supply〉は一時的な処理を行うための蓄電装置であり，これを備えたデータサーバは，エネルギーハーベスティングの技術ではない。

ちょっと深掘り　パワーゲーティング

LSIの省電力制御で，動作する必要がない回路ブロックへの電源供給を遮断することによって，消費電力を減らす技術。

正解　**ウ**

Q050 OSS（Open Source Software）における，**ディストリビュータの役割**はどれか。

ア OSSやアプリケーションソフトウェアを組み合わせて，パッケージにして提供する。

イ OSSを開発し，活動状況をWebで公開する。

ウ OSSを稼働用のコンピュータにインストールし，動作確認を行う。

エ OSSを含むソフトウェアを利用したシステムの提案を行う。

サクッと正解

OSSにおける**ディストリビュータ**の役割は，OSSやアプリケーションソフトウェアを組み合わせ，パッケージにして提供すること。

イモツル式解説

OSS〈＝Open Source Software〉とは，**ソースコード**を公開し，誰でも利用，修正，拡張，再配布などができるソフトウェアや考え方。**ディストリビュータ**は，ソフトウェアなどのパッケージを組み合わせ，ユーザが利用できる形で提供する者の総称である。リセラーやディーラーなどとも呼ばれる販売代理店や卸業者を指す場合もある。OSSにおけるディストリビュータは，メインとなるOSSに付帯するいくつかのアプリケーションソフトウェアを組み合わせ，実用に供するパッケージである**ディストリビューション**として提供している（**ア**）。

イ OSSを開発し，活動状況をWebで公開する権限がある者は，**コミッタ**と呼ばれる。

ウ OSSを稼働用のコンピュータにインストールし，動作確認を行うのは**コントリビュータ**，またはテスタやレビュワに相当する。

エ OSSを含むソフトウェアを利用したシステムの提案を行うのは**システムインテグレータ**〈＝SIer；System Integrator〉などの役割である。

正解 **ア**

Q051
オープンソースライセンスの**GNU GPL（GNU General Public License）**の説明のうち，適切なものはどれか。

ア GPLであるソースコードの実現する機能を利用する，別のプログラムのソースコードを作成すると，GPLが適用される。

イ GPLであるソースコードの全てを使って派生物を作った場合に限って，GPLが適用される。

ウ GPLであるソースコードの派生物のライセンスは，無条件にGPLとなる。

エ GPLであるソースコードを組み込んだ派生物をGPLにするか否かは，派生物の開発者が決める。

サクッと正解

GPLの派生物は，無条件に**GPLのライセンスを引き継ぐ**。

イモヅル式解説

GNU〈=グヌー〉は，OSS〔→Q050〕でOSとソフトウェアを開発して公開するプロジェクトの名称である。**GNU GPL**〈=GNU General Public License〉は，GNUで開発されたソフトウェアの**利用許諾契約**であり，OSSの汎用的なライセンスとして広く利用されている。ソフトウェアを利用した時点でGPLに従うことを承諾したとみなされることや，複製・頒布・改変が自由であること，再頒布する場合はオリジナルと同じライセンスで配布することなどが定められている。これにより，GPLであるソースコードの派生物のライセンスは，無条件にGPLになる（**ウ**）という記述は適切である。

ア 別のプログラムのソースコードを作成しても，GNU GPLは適用されない。

イ ソースコードのすべてを使って派生物を作った場合だけではなく，一部を使って作った場合もGPLが適用されるので，適切ではない。

エ GPLであるソースコードを組み込んだ派生物は，組み込んだ時点で自動的にライセンスが適用されるので，誤りである。

📖 イモヅル復習問題 → Q050
正解 **ウ**

Q 052　Hadoopの説明はどれか。

ア　JavaEE仕様に準拠したアプリケーションサーバ
イ　LinuxやWindowsなどの様々なプラットフォーム上で動作するWebサーバ
ウ　機能の豊富さが特徴のRDBMS
エ　大規模なデータセットを分散処理するためのソフトウェアライブラリ

サクッと正解

Hadoopとは，大規模なデータを分散処理するソフトウェア群。

イモヅル式解説

Hadoop〈＝ハドゥープ；Apache Hadoop〉は，多数のサーバで構成された大規模な分散ファイルシステムの機能を提供し，大規模データの**分散処理**を実現する（**エ**）**OSS**〔➡Q050〕である。

ア　JavaEE仕様に準拠したアプリケーションサーバは，**WildFly**や**JBoss**などである。**JavaEE**〈＝Java Platform, Enterprise Edition〉は，Java機能をまとめたセットの１つ。

イ　LinuxやWindowsなどの様々なプラットフォーム上で動作するWebサーバは，**Apache**などである。

ウ　機能の豊富さが特徴の**RDBMS**〈＝Relational DataBase Management System〉は，**Oracle Database**や**PostgreSQL**など。RDBMSはリレーショナルデータベースを管理するシステム。

OSSの種類をまとめて覚えよう。

Apache HTTP Server	Webサーバソフトウェア
BIND〈＝Berkeley Internet Name Domain〉	DNSサーバ
Apache OpenOffice	オフィス統合ソフトウェア
Postfix	メールサーバソフトウェア
WordPress	コンテンツ管理システム

イモヅル復習問題 ➡ Q051　正解　**エ**

Q053 SoCの説明として，適切なものはどれか。

ア　システムLSIに内蔵されたソフトウェア

イ　複数のMCUを搭載したボード

ウ　複数のチップで構成していたコンピュータシステムを，1つのチップで実現したLSI

エ　複数のチップを単一のパッケージに封入してシステム化したデバイス

サクッと正解

SoCは，複数のチップで構成していたシステムを，単独のチップで実現したLSI。

イモヅル式解説

SoC〈=System on a Chip〉は，動作に必要とされるすべての機能やシステムを1つに集積した半導体チップ（**ウ**）である。CPUやメモリ，周辺装置などの間ではデータの受渡しが発生するが，その受渡しを管理する一連の回路群を搭載した半導体チップを**チップセット**と呼んでいる。

ア　内蔵されたソフトウェアは，**ファームウェア**と呼ばれる。**システムLSI**は，組込みシステムの機能を1つのチップに搭載した**LSI**〈=Large-Scale Integration；大規模集積回路〉である。

イ　SoCは，複数の**MCU**〈=Micro-Control Unit〉を搭載したボードではない。MCUは，組込みシステムで使われる機能を1つのICチップに実装したものである。

エ　複数のチップを単一のパッケージに封入してシステム化したデバイスは，**SiP**〈=System in a Package〉と呼ばれる。SiPは，プロセスの異なる機能を個別に最適化されたプロセスで製造し，パッケージ上でそれぞれのチップを適切に配線したシステムLSIである。

正解　**ウ**

Q054

プログラムの性能を改善するに当たって，関数，文などの実行回数や実行時間を計測して統計を取るために用いるツールはどれか。

ア　コンパイラ　　イ　デバッガ
ウ　パーサ　　　　エ　プロファイラ

サクッと正解

プログラムの実行回数や実行時間を計測して統計を取るツールは，**プロファイラ**である。

イモツル式解説

プロファイラ（エ）は，プログラムの性能を改善するために，プログラムの動作や実行順序，処理時間などを監視し，実行回数や実行時間などの計測・記録・統計を行うツールである。

プログラミングツールに関する用語をまとめて覚えよう。

コンパイラ（ア）	高水準言語で記述されたソースコードを，**オブジェクトコード**に変換するソフトウェア。
デバッガ（イ）	プログラムに潜む欠陥である**バグ**を修正する作業（**デバッグ**）を支援する機能をもつソフトウェア。
パーサ（ウ）	ソースコードやXML文書などの構文解析（**パース**）処理を行うソフトウェア。
トレーサ	プログラムの実行状態を追跡して状態を把握したり解析したりする仕組みやソフトウェア。
インスペクタ	実行中のプログラムのデータ内容を表示する仕組みやソフトウェア。
メモリインタリーブ	主記憶を，独立して動作する複数のブロックに分け，各ブロックに同時・並列にアクセスする方式。
DMA〈=Direct Memory Access〉	主記憶と入出力装置，または主記憶どうしのデータの受渡しを，CPU経由でなく直接やり取りする方式。

正解　**エ**

Q 055

あるコンピュータ上で、異なる命令形式のコンピュータで実行できる目的プログラムを生成する言語処理プログラムはどれか。

ア　エミュレータ
イ　クロスコンパイラ
ウ　最適化コンパイラ
エ　プログラムジェネレータ

サクッと正解

異なる命令形式のコンピュータで実行できる目的プログラムを生成する言語処理プログラムは**クロスコンパイラ**である。

イモヅル式解説

クロスコンパイラ（イ）は、あるコンピュータ上で実行されるプログラムを、それとはアーキテクチャの異なるコンピュータ上で実行可能なオブジェクトプログラムとして生成する言語処理プログラムである。

エミュレータ（**ア**）	異なるOSや命令形式などで動作する環境を仮想的に作り出し、プログラムを実行できるようにする仕組みやソフトウェア。
最適化コンパイラ（**ウ**）（=optimizing compiler）	コンパイルの際に、プログラムの冗長な部分を修正するなどの最適化を行って実行速度を上げる機能をもつコンパイラ。
プログラムジェネレータ（**エ**）	入力や出力などの与えられた条件に基づき、実行目的に応じたプログラムを自動生成するソフトウェア。
プリコンパイラ	高水準言語に付加的に定義された機能と文法に従って記述されたコードを、元の高水準言語だけを使用したコードに変換するソフトウェア。
トランスレータ	ある言語で記述されたコードを、別の言語のコードに変換するソフトウェア。

イモヅル 復習喚起 → Q054

正解　**イ**

Q 056

量子超越性（Quantum Supremacy）の説明として，適切なものはどれか。

ア 重ね合わせという現象を用いた量子暗号が，現在の暗号化方式よりもはるかに安全であること

イ 従来のコンピュータが古典物理学に依拠する段階にとどまっているのに比べて，量子コンピュータが量子力学に依拠してつくられていること

ウ 従来のコンピュータでは実用的な時間で処理することができない計算を，量子コンピュータでは高速に実行できること

エ 同一の性能を実現した従来のコンピュータに比べて，量子コンピュータの物理的な大きさを圧倒的に小さくできること

サクッと正解

量子超越性とは，量子コンピュータが従来のコンピュータより非常に高速な処理を実行できること。

イモヅル式解説

量子超越性は，従来のコンピュータでは非常に時間がかかる計算を，量子コンピュータでは高速に処理が可能（**ウ**）であり，今まで実質的に不可能だった処理も実行できるような優位性のことである。

ア 普通のコンピュータのビットは0と1のどちらか1つを表現するが，量子ビットは0と1の両方を同時に表現できる。この状態を**重ね合わせ**と呼ぶが，量子超越性の説明とは直接の関係はない。

イ 従来のコンピュータが古典的な物理学の原理に依拠するのに対し，量子コンピュータは微小な粒子の不確定な振る舞いを説明する**量子力学**の原理に依拠している。これは量子超越性の説明とは直接の関係はない。

エ 同一の性能を実現した従来のコンピュータに比べ，量子コンピュータの物理的な大きさを圧倒的に小さくできる**量子集積**の可能性は，量子超越性の説明とは直接の関係はない。

正解 **ウ**

Q 057 コンデンサの機能として，適切なものはどれか。

ア　交流電流は通すが直流電流は通さない。
イ　交流電流を直流電流に変換する。
ウ　直流電流は通すが交流電流は通さない。
エ　直流電流を交流電流に変換する。

サクッと正解

コンデンサは，交流電流は通すが直流電流は通さない。

イモヅル式解説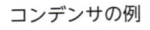

コンデンサは，電気を蓄えたり放出したりすることができる電子部品である。電流の方向が交互に変化する交流電流は流れるが，直流電流は流れない（**ア**）仕組みで，<u>電圧</u>を安定させたり<u>ノイズ</u>を取り除いたりする目的で利用される。<u>キャパシタ</u>とも呼ばれる。

コンデンサの例

コンデンサに蓄えた電荷の有無で情報を記憶するメモリに，PCの主記憶として用いられる**DRAM**〈= **Dynamic Random Access Memory**〉がある。コンデンサに蓄えられた電荷は時間経過とともに失われるため，DRAMには再読込み（**リフレッシュ**）が必要であり，電源供給がなくなると記憶情報も失われる揮発性メモリである。

コイル	直流電流は通すが交流電流は通さない（**ウ**）。
AC/DCコンバータ〈=Alternating Current / Direct Current converter〉	交流電流を直流電流に変換する（**イ**）。
インバータ	直流電流を交流電流に変換する（**エ**）。

正解　ア

コンピュータシステム

でる度 ★★★

Q058 アクチュエータの機能として，適切なものはどれか。

ア アナログ電気信号を，コンピュータが処理可能なディジタル信号に変える。

イ キーボード，タッチパネルなどに使用され，コンピュータに情報を入力する。

ウ コンピュータが出力した電気信号を力学的な運動に変える。

エ 物理量を検出して，電気信号に変える。

サクッと正解

アクチュエータは，出力された電気信号を力学的な運動に変える装置である。

イモヅル式解説

アクチュエータは，入力されたエネルギーやコンピュータから出力された電気信号を，直線運動や回転運動など，物理的な運動を伴う動力に変換する（**ウ**）仕組みをもつ駆動装置である。

ア アナログ電気信号を，コンピュータが処理可能なディジタル信号に変えるのは，**A/Dコンバータ**〈＝Analog-to-Digital converter〉である。

イ キーボードやタッチパネルなどに使用され，コンピュータに情報を入力するのは，**静電センサ**である。

エ 物理量を検出して電気信号に変えるのは，**センサ**である。

ちょっと深掘り **標本化定理**

アナログ電気信号を，コンピュータが処理可能なディジタル信号へ変換する際には，信号をアナログ値のまま一定周期で切り出すサンプリング処理が必要とされる。このサンプリング処理の間隔を定量的に示す定理が標本化定理である。サンプリング定理とも呼ばれる。ディジタル化した信号をアナログ電気信号に戻すには，アナログ電気信号の最高周波数の2倍以上の周波数でサンプリングする必要がある。

イモヅル復習問題 ➡ Q057

正解 **ウ**

Q059 モータの速度制御などにPWM（Pulse Width Modulation）制御が用いられる。**PWMの駆動波形を示したものはどれか。**ここで，波形は制御回路のポート出力であり，低域通過フィルタを通していないものとする。

ア 電圧↑ →時間

イ 電圧↑ →時間

ウ 電圧↑ →時間

エ 電圧↑ →時間

サクッと正解

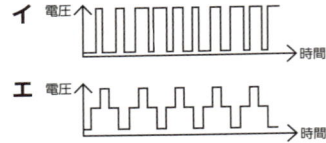

電圧↑ →時間

PWMの駆動波形は，高さが一定。

イモヅル式解説

　PWM〈=Pulse Width Modulation〉とは，電気信号の波であるパルス信号を，スイッチのオンとオフによって変調させ，電力を制御する技術のこと。

　選択肢のグラフで，出力の強弱ではなく，**オンかオフか**の波形を描いているのは**イ**である。

ちょっと深掘り PAM

別の変調の技術にPAM〈=Pulse Amplitude Modulation〉がある。PAMは，映像や音声などのアナログ信号を，パルス信号の振幅に変調させ，ディジタル信号にする技術である。

 イモヅル復習問題 ➡ Q009

正解 **イ**

Q060 ストレージのインタフェースとして用いられるFC（ファイバチャネル）の特徴として，適切なものはどれか。

ア TCP/IPの上位層としてつくられた規格である。

イ 接続形態は，スイッチを用いたn対n接続に限られる。

ウ 伝送媒体には電気ケーブルまたは光ケーブルを用いることができる。

エ 物理層としてパラレルSCSIを用いることができる。

サクッと正解

FC（ファイバチャネル）の特徴の1つは，伝送媒体に電気ケーブルまたは光ケーブルを用いることができることである。

イモツル式解説

FC〈=Fibre Channel〉は，データ伝送の高速化と低遅延を実現するための通信規格であり，データセンターやストレージネットワークなどで利用される。そのほかの特徴として，高帯域幅，長距離通信，信頼性の高いデータ伝送が挙げられる。伝送媒体には光ケーブルや同軸ケーブルなどを用いることができる（**ウ**）。

ア FCは，TCP/IPの上位層としてつくられた規格ではない。

イ FCの接続形態は，スイッチを用いたn対n接続に限られることはない。接続形態は，サーバとストレージを一対一で接続するポイントツーポイント（P-P接続）や，FCスイッチを介して接続するファブリック接続（スイッチドファブリック）などがある。

エ FCのデータ伝送には，物理層としてパラレルSCSI〈=Small Computer System Interface〉ではなく，主にサーバ向けに使用されるシリアルSCSIを用いることができる。

正解 **ウ**

Q061 オブジェクトストレージの記述として，最も適切なものはどれか。

ア　更新頻度の少ない非構造型データの格納に適しており，大容量で拡張性のあるストレージ空間を仮想的に実現することができる。

イ　高速のストレージ専用ネットワークを介して，複数のサーバからストレージを共有することによって，高速にデータを格納することができる。

ウ　サーバごとに割り当てられた専用ストレージであり，容量が不足したときにはストレージを追加することができる。

エ　複数のストレージを組み合わせることによって，仮想的な1台のストレージとして運用することができる。

サクッと正解

オブジェクトストレージは，大容量で拡張性のあるストレージ空間を仮想的に実現できる記憶装置である。

イモヅル式解説

オブジェクトストレージは，大量のデータを効率的に保存・管理するための記憶装置である。**オブジェクト**という単位でデータを管理し，**メタデータ**（**属性情報**）と**識別子**を付与して保存する。クラウドサービスで広く利用され，大規模データの保管に適しているとされる。

イ　高速のストレージ専用ネットワークを介し，複数のサーバからストレージを共有することで，高速にデータを格納できるのは，**SAN**〈サン = Storage Area Network〉である。

ウ　サーバごとに割り当てられた専用ストレージであり，容量が不足したときにストレージを追加できるのは，**DAS**〈ダス = Direct Attached Storage〉である。

エ　複数のストレージを組み合わせることで，仮想的な1台のストレージとして運用できるのは，**RAID**〈レイド = Redundant Arrays of Independent Disks〉である。

イモヅル復習問題 → Q042, Q060　　　正解　**ア**

Q062

1桁の2進数A，Bを加算し，**Xに桁上がり，Yに桁上げなしの和（和の1桁目）**が得られる論理回路はどれか。

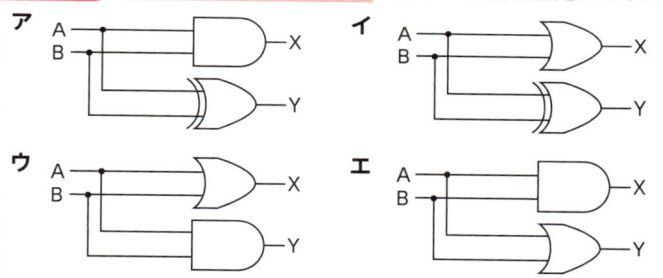

ア　A B → X, Y
イ　A B → X, Y
ウ　A B → X, Y
エ　A B → X, Y

サクッと正解

入力AとB，出力XとYの関係は，**X＝A AND B，Y＝A XOR B**である。

イモヅル式解説

AとBの入力値，XとYの出力値は，次の真理値表になる。

A	B	X	Y
0	0	**0**	**0**
0	1	**0**	**1**
1	0	**0**	**1**
1	1	**1**	**0**

　上記の真理値表を見ると，XはAとBの和の桁上がりに相当し，AとBの**論理積（AND）**と一致していることがわかる。論理積（AND）の回路図は，左が直線，右が円弧の図で，**ア**の上の部分である。

　同様にYは，AとBの和の1桁目に相当し，AとBの**排他的論理和（XOR）**〔➡Q008〕と一致していることがわかる。排他的論理和（XOR）の回路図は，**ア**の下の部分である。これを論理回路図で表現すると**ア**になる。

イモヅル復習問題 ➡ Q007，Q008

正解 ア

Q063

8ビットD/A変換器を使って負でない電圧を発生させる。使用するD/A変換器は，最下位の1ビットの変化で出力が10ミリV変化する。データに0を与えたときの出力は0ミリVである。データに16進数で82を与えたときの出力は何ミリVか。

ア 820　　**イ** 1,024
ウ 1,300　　**エ** 1,312

サクッと正解

16進数82＝2進数10000010＝10進数130，1ビットの変化で10ミリVを乗算する。

イモヅル式解説

D/A変換器〈＝Digital-to-Analog converter〉は，ディジタルデータ（D）をアナログデータ（A）に変換する装置である。

16進数を2進数に変換するには，16進数の1桁を2進数の4桁に変換し，変換した4桁の値を並べればよい。

16進数82を2進数に変換すると，8は2^3なので1000であり，右の桁の2は2^1なので0010になる。並べると2進数10000010になる。

16進数			8					2	
			↓					↓	
2進数	1	0	0	0	0	0	1	0
	↑	↑	↑	↑				
	2^3	2^2	2^1	2^0				

2進数では，右端の最下位ビットの次から2倍ずつ増えていくため，最下位の1ビットの変化で出力が10ミリV変化することから，1のある桁を計算すると，

$$1 \times 2^7 + 1 \times 2^1 = 128 + 2 = 130 \quad 130 \times 10 = 1,300 ミリV$$

なお，16進数82は，10進数では8×16＋2＝130になることから，130×10ミリV＝1,300ミリVと計算してもよい。

イモヅル復習問題 → Q058　　　　　　正解　**ウ**

Q064 FPGAの説明として，適切なものはどれか。

ア 電気的に記憶内容の書換えを行うことができる不揮発性メモリ

イ 特定の分野及びアプリケーション用に限定した特定用途向け汎用集積回路

ウ 浮動小数点数の演算を高速に実行する演算ユニット

エ 論理回路を基板上に実装した後で再プログラムできる集積回路

サクッと正解

FPGAは，論理回路を基板上に実装し，後から再プログラムができる集積回路である。

イモツル式解説

FPGA〈=Field Programmable Gate Array〉は，ユーザが後から動作を変更できる集積回路〈=Integrated Circuit〉である。集積回路とは，半導体の基板上にトランジスタや，電気の蓄放電ができるキャパシタ〔➡Q057〕などの多数の電子部品を集積して配置した回路である。

ア 電気的に記憶内容の書換えを行うことができる不揮発性メモリは，EEPROM〈=Electrically Erasable Programmable Read-Only Memory〉である。

イ 特定の分野及びアプリケーション用に限定した特定用途向け汎用集積回路は，ASSP〈=Application Specific Standard Product〉である。

ウ 浮動小数点数の演算を高速に実行する演算ユニットは，FPU〈=Floating Point Unit〉〔➡Q026〕である。

イモツル復習問題 ➡ Q004, Q026　　　　　　　正解 **エ**

Q 065 MOSトランジスタの説明として，適切なものはどれか。

ア pn接合における電子と正孔の再結合によって光を放出するという性質を利用した半導体素子

イ pn接合部に光が当たると電流が発生するという性質を利用した半導体素子

ウ 金属と半導体との間に酸化物絶縁体を挟んだ構造をもつことが特徴の半導体素子

エ 逆方向電圧をある電圧以上印加すると，電流だけが増加し電圧がほぼ一定に保たれるという特性をもつ半導体素子

サクッと正解

MOSトランジスタは，金属と半導体との間に酸化物絶縁体を挟んだ構造をもつことが特徴の半導体素子である。

イモヅル式解説

MOSトランジスタは，スイッチの役割や信号の増幅・制御などを行う半導体素子である。金属（Metal），酸化膜（Oxide），半導体（Semiconductor）の三層で構成され，金属と半導体との間に，電気を通さない酸化物絶縁体を挟んだ構造をもっている（**ウ**）。

ア 電荷を運ぶ粒子（キャリア）が正孔であるp型半導体と，キャリアが電子であるn型半導体をつないだ接触面をpn接合と呼ぶ。pn接合における電子と正孔の再結合によって光を放出する性質を利用した半導体素子は，発光ダイオード〈＝Light Emitting Diode; LED〉である。

イ pn接合部に光が当たると電流が発生する性質を利用した半導体素子は，フォトダイオードである。

エ 逆方向電圧をある電圧以上印加すると，電流だけが増加して電圧がほぼ一定に保たれる特性をもつ半導体素子は，ツェナー（定電圧）ダイオードである。

イモヅル復習問題 ⇒ Q030, Q053, Q064　　　　　　　正解　**ウ**

Q066

Webページの構成要素のうち，図のような固定の表示領域内でマウス操作やタッチ操作を行うことによってスクロールし，**複数の画像などが横方向に順次表示されるもの**を何というか。

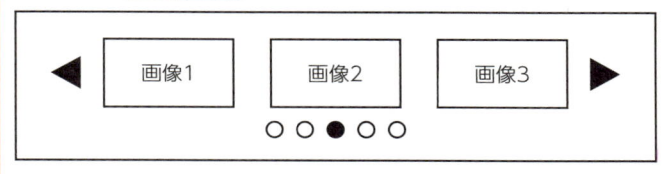

ア アコーディオン	**イ** カルーセル
ウ タブ	**エ** モーダルウィンドウ

サクッと正解

　Webページにおいて，マウス操作やタッチ操作で画像などを横方向に順次表示させるユーザインタフェースは，**カルーセル**と呼ばれる。

イモヅル式解説

　カルーセルとは，ユーザがマウスなどでクリックしたり左右にスワイプしたりすることで，隣接するコンテンツを表示するユーザインタフェースである。狭い表示領域に多くの要素を収めることができる。

ア **アコーディオン**は，マウス操作やタッチ操作によりコンテンツを折りたたんだり展開したりするユーザインタフェース。

ウ **タブ**は，見出しとなる部分のクリックやタッチなどによりコンテンツを切り替えるユーザインタフェース。

エ **モーダルウィンドウ**は，一時的に画面上に重なるように表示される別のウィンドウ。

●モーダルウィンドウの例

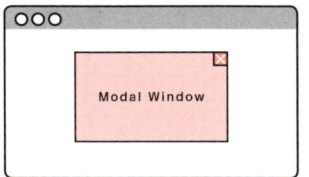

正解 **イ**

Q067

利用者が現在閲覧している**Webページに表示する，Webサイトのトップページからそのページまでの経路情報**を何と呼ぶか。

- **ア** サイトマップ
- **イ** スクロールバー
- **ウ** ナビゲーションバー
- **エ** パンくずリスト

サクッと正解

Webサイトの**トップページからそのページまでの経路情報**を，**パンくずリスト**という。

イモツル式解説

Webサイトの利用者が，現在のディレクトリ（階層）や，どのWebページを閲覧しているかを示す情報を**パンくずリスト**（**エ**）と呼ぶ。

🏠 ＞　資格試験 ＞　情報処理技術者試験 ＞　イモツル式 応用情報技術者午前 コンパクト演習

そのほかの主なWebページの要素をまとめて覚えよう。

サイトマップ（**ア**）	Webサイト全体のページ構成やコンテンツなどを一覧で表示するWebページ。
スクロールバー（**イ**）	表示している領域を上下左右に移動するインタフェース。
ナビゲーションバー（**ウ**）	Webサイトのカテゴリやコンテンツなどを示す，共通して表示されるメニュー。
ヘッダ	Webページの上部に共通して表示される部分の総称。
フッタ	Webページの下部に共通して表示される部分の総称。
ページネーション	1つのWebページを複数に分割し，各ページへ移動できるように設定されたリンク。　«　1　2　3　4　»

正解　**エ**

Q 068

Webページの設計の例のうち、アクセシビリティを高める観点から最も適切なものはどれか。

ア 音声を利用者に確実に聞かせるために、Webページを表示すると同時に音声を自動的に再生する。

イ 体裁の良いレイアウトにするために、表組みを用いる。

ウ 入力が必須な項目は、色で強調するだけでなく、項目名の隣に"(必須)"などと明記する。

エ ハイパリンク先の内容が推測できるように、ハイパリンク画像のalt属性にリンク先のURLを付記する。

サクッと正解

Webページで、色だけでなく文字情報も添えることは、**アクセシビリティ**を高めることにつながる。

イモヅル式解説

アクセシビリティは、製品やサービスなどの利用のしやすさのことである。入力が必須な項目は、色で強調するだけではなく、項目名の隣に"(必須)"などと明記する（**ウ**）ことは、視力に障害のある人などが利用しやすくなるので、適切である。

ア 音声を利用者に確実に聞かせるために、Webページを表示すると同時に音声を自動的に再生することは、聴力に障害のある人などにとっては利用しにくくなるため、適切ではない。

イ Webページのレイアウトに表組みを用いることは、本来の使い方ではなく、Webブラウザによっては意図どおりに表示されない場合もあるので、適切ではない。

エ **alt属性**（オルト属性）は、画像の代替となるテキスト情報を指定するもので、画像のalt属性には、内容がわかるものを記述するべきであり、リンク先のURLだけでは不明瞭なので、適切とはいえない。

イモヅル復習問題 → Q067

正解 **ウ**

でる度 ★★☆

Q069 ユーザインタフェースの**ユーザビリティを評価する**ときの，利用者の立場からの評価手法と専門家の立場からの評価手法の適切な組みはどれか。

	利用者の立場からの評価手法	専門家の立場からの評価手法
ア	アンケート	回顧法
イ	回顧法	思考発話法
ウ	思考発話法	ヒューリスティック評価法
エ	認知的ウォークスルー法	ヒューリスティック評価法

サクッと正解

選択肢の組合せでは，利用者の立場からは**思考発話法**，専門家の立場からは**ヒューリスティック評価法**が適している。

イモヅル式解説

ユーザビリティとは，システムの使いやすさの程度。JIS（日本産業規格）では「ある製品が，指定された利用者によって，指定された利用の状況下で，指定された目的を達成するために用いられる際の，有効さ，効率及び利用者の満足度の度合い」と定義している。

回顧法	利用者にシステムを使って作業をしてもらい，その行動の観察や記録を行い，作業終了後に利用者に質問をする評価手法。
思考発話法	協力者である利用者に，システムを使って作業をしてもらいながら，感じたことや思ったことをその場で話してもらう評価手法。
認知的ウォークスルー法	専門家が，利用者の立場で評価対象のシステムを使ったりシミュレーションしたりすることで，気づいたことを指摘する評価手法。
ヒューリスティック評価法	専門家が，自分の知識や**経験則**（**ヒューリスティック**）に基づき，チェックするべき項目を確認していく評価手法。
アンケート	複数の利用者に同じ質問をすることで，比較できる意見を収集する評価方法。**質問紙法**とも呼ばれる。

イモヅル復習問題 → Q068

正解 **ウ**

Q070 表示装置には色彩や濃淡などの表示能力に限界がある。1つ1つの画素では表現可能な色数が少ない環境でも，幾つかの画素を使って見掛け上表示できる色数を増やし，滑らかで豊かな階調を表現する手法はどれか。

ア インデックスカラー　　**イ** オーバレイ
ウ カーニング　　　　　　**エ** ディザリング

サクッと正解

表示能力に限界がある表示装置で，より滑らかで豊かな階調を表現する手法は，**ディザリング**である。

イモヅル式解説

ディザリング（**エ**）は，いくつかの画素（**ピクセル**）を使って中間色を表現することで，見掛け上表示できる色数を増やし，表示能力に限界がある表示装置でも，色彩や濃淡が滑らかで豊かな階調を表現する手法である。

インデックスカラー（**ア**）	それぞれの画素に色を指定するのではなく，**カラーマップ**と呼ばれる色定義テーブルの参照番号を指定して色を表現する手法。
オーバレイ（**イ**）	画像などを，複数の層（**レイヤー**）を重ねて合成して表現する手法。本来は「重ね合わせる」という意味。
カーニング（**ウ**）	文字の間隔を，美しく見えるように調整して表現する手法。 カーニングなし　カーニングあり Type　Type Type　Type

正解 **エ**

Q071

W3Cで仕様が定義され，矩形や円，直線，文字列などの図形オブジェクトをXML形式で記述し，**Webページでの図形描画**にも使うことができる**画像フォーマット**はどれか。

ア OpenGL 　**イ** PNG
ウ SVG 　　**エ** TIFF

サクッと正解

図形をXML形式で記述し，Webページでの図形描画にも使う画像フォーマットは，**SVG**である。

イモヅル式解説

SVG〈=Scalable Vector Graphics〉（**ウ**）は，Webにおける技術の標準化を推進する**W3C**〔➡Q072〕が定義する，Webページでの図形描画の規格である。

画像フォーマットに関する用語をまとめて覚えよう。

OpenGL〈=Open Graphics Library〉（**ア**）	ハードウェア向けのコンピュータグラフィックスに関連する機能を**ライブラリ**から呼び出すための標準インタフェース。
PNG〈=Portable Network Graphics〉（**イ**）	フルカラーの画像を劣化しない**可逆圧縮方式**で圧縮するファイル形式の1つ。
TIFF〈=Tagged Image File Format〉（**エ**）	**ビットマップ形式**の画像データを保存するファイル形式の1つ。圧縮する形式を選択できる。
EPS〈=Encapsulated PostScript〉	**PostScript**によって記述されたデータを画像ファイルとして保存するためのファイル形式の1つ。ベクトルデータとビットマップデータの両方を包含できる。
Exif〈=Exchangeable image file format〉	デジタルカメラで撮影した画像データに，撮影の日時や機材などのメタデータ〔➡Q061〕を含めて保存するファイル形式。

正解 　**ウ**

でる度 ★★★

Q 072

動画や音声などのマルチメディアコンテンツの**レイア**
ウトや再生のタイミングを**XMLフォーマット**で記述
するための**W3C勧告**はどれか。

ア　Ajax　　　イ　CSS
ウ　SMIL　　　エ　SVG

サクッと正解

　マルチメディアコンテンツの位置や時間などを，XMLフォーマッ
トで記述するマークアップ言語は，**SMIL**である。

イモヅル式解説

　SMIL〈=Synchronized Multimedia Integration Language〉**（ウ）**は，Webブ
ラウザ上でマルチメディアコンテンツやプレゼン用のファイルなどを
制作するためのマークアップ言語である。

　文字や静止画，動画，音声などのレイアウト，再生のタイミングを
XMLフォーマットで記述することで，Webブラウザ上で表示・再生
できる。Web技術の標準化を推進する非営利団体である**W3C**〈=
World Wide Web Consortium〉がXMLをもとに規格化した。

Ajax〈=Asynchronous JavaScript And XML〉**（ア）**	**JavaScript**の非同期通信の機能を使うことで，動的な画面遷移を伴わずに，**ユーザインタフェース**を構築する技術。
CSS〈=Cascading Style Sheets〉**（イ）**	**HTML**文書の文字の大きさと色，行間などの視覚表現の情報を指定するための標準仕様。
SVG〈=Scalable Vector Graphics〉**（エ）**	**XML**で記述された2次元ベクターイメージ用の画像ファイル形式の1つ。W3Cによってオープン標準として勧告されている。
VUI〈=Voice User Interface〉	音声で端末を操作するユーザインタフェースの総称。音声認識と自然言語処理，AIなどの技術を組み合わせて実現されている。

イモヅル復習問題 ➡ Q071

正解　　ウ

Q073 3次元の物体を表すコンピュータグラフィックスの手法に関する記述のうち，**サーフェスモデル**の説明として，最も適切なものはどれか。

ア　物体を，頂点と頂点をつなぐ線で結び，針金で構成されているように表現する。

イ　物体を，中身の詰まった固形物として表現する。

ウ　物体を，ポリゴンや曲面パッチを用いて表現する。

エ　物体を，メタボールと呼ぶ構造を使い，球体を変形させることによって得られる曲面で表現する。

サクッと正解

サーフェスモデルは，ポリゴンや曲面パッチを用いて立体を表現する3DCGの手法である。

イモヅル式解説

サーフェスモデルは，3次元の物体を表すコンピュータグラフィックス（3DCG）で表現する手法である。物体を，頂点と頂点を結ぶ線と，線と線で覆われる面で捉え，立体の表面を多角形で形作るポリゴンや曲面パッチを用いて表現する（**ウ**）。

関連する用語をまとめて覚えよう。

ワイヤフレームモデル	物体を，頂点と頂点をつなぐ線で結び，針金（ワイヤー）で構成されているように表現する（**ア**）。
ソリッドモデル	物体を，中身の詰まった固形物として表現する（**イ**）。
メタボール	物体を，球状の集合体として捉え，球体を変形させて得られる曲面で表現する（**エ**）。

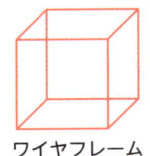
ワイヤフレーム

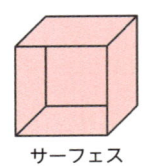
サーフェス

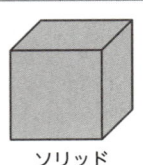
ソリッド

イモヅル復習問題 → Q026　　　　　　　　　　　正解　**ウ**

Q 074
800×600ピクセル，24ビットフルカラーで30フレーム／秒の動画像の配信に最小限必要な帯域幅はおよそ幾らか。ここで，通信時にデータ圧縮は行わないものとする。

ア 350kビット／秒
イ 3.5Mビット／秒
ウ 35Mビット／秒
エ 350Mビット／秒

サクッと正解

　最小限必要な**帯域幅**は，ピクセル数×24ビットフルカラー×毎秒のフレーム数を満たす値になる。

イモヅル式解説

　フレームとは，動画を構成する静止画像のこと。1秒間の動画が何枚の静止画像で構成されているかを示す単位は**fps**〈=frame per second〉である。この設問の動画のデータ量は，800×600ピクセル，24ビットフルカラー，30フレーム／秒であるので，下記のように計算できる。なお，1M（メガ）ビットは1,000,000ビットとして計算する。

800×600ピクセル×24ビットフルカラー×30フレーム／秒
　＝345,600,000ビット／秒＝**345.6**Mビット／秒
　345.6Mビット／秒と選択肢の値を比較すると，
　　345.6Mビット／秒 ＜ 350Mビット／秒（**エ**）

　上記が，動画像の配信に最小限必要な**帯域幅**であるとわかる。帯域幅は，周波数の範囲やデータ通信の速度を表す。

　単位がM（メガ）ではなく，1,000であるk（キロ）になっているので**ア**は誤り。

正解　**エ**

Q075 拡張現実（AR：Augmented Reality）の例として，最も適切なものはどれか。

ア　SF映画で都市空間を乗り物が走り回るアニメーションを，3次元空間上に設定した経路に沿って視点を動かして得られる視覚情報を基に作成する。

イ　アバタの操作によって，インターネット上で現実世界を模した空間を動きまわったり，会話したりする。

ウ　実際には存在しない衣料品を仮想的に試着したり，過去の建築物を3次元CGで実際の画像上に再現したりする。

エ　臨場感を高めるために大画面を用いて，振動装置が備わった乗り物に見立てた機器に人間が搭乗し，インタラクティブ性が高いアトラクションを体感できる。

サクッと正解

拡張現実の例として，実在しない服を仮想的に試着したり，架空の建築物をCGで再現したりすることなどがある。

イモツル式解説

AR〈＝Augmented Reality；拡張現実〉は，実際に目の前にある現実の映像の一部に，コンピュータを使って仮想の情報を付加することで，拡張された現実の環境を体感できる技術である。実際には存在しない衣料品を仮想的に試着したり，過去の建築物を3次元CGで実際の画像上に再現したりする（ウ）ことは，ARの例といえる。

なお，VR〈＝Virtual Reality；仮想現実〉は，人間にとって自然な3次元の仮想空間をコンピュータによって構成し，ヘッドマウントディスプレイなどの機器を利用して人間の五感に働きかけることで，実際には存在しない場所や世界を，インタラクティブ性を伴って体感できる技術である。

ARは現実世界に情報を追加するものであるが，VRは現実世界をモチーフにしているものでも現実とは異なる仮想世界を構成して表現するものである。

正解　ウ

技術要素

でる度 ★★★

Q076

商品の注文を記録する**クラス（顧客，商品，注文，注文明細）**の構造を概念データモデルで表現する。a～dに入れるべきクラス名の組合せはどれか。ここで，**顧客は何度も注文を行い，一度に1つ以上の商品を注文**でき，注文明細はそれぞれ1種類の商品に対応している。また，モデルの表記にはUMLを用いる。

```
[ a ] 1 ── * [ b ] 1 ── * [ c ] * ── 1 [ d ]
```

	a	b	c	d
ア	顧客	注文	注文明細	商品
イ	商品	注文	注文明細	顧客
ウ	注文	注文明細	顧客	商品
エ	注文明細	商品	注文	顧客

サクッと正解

モデル図は，顧客（1人）が注文を複数（*）行い，注文（1回）につき注文明細に複数（*）掲載されることを表している。

イモヅル式解説

UML〈=Unified Modeling Language〉は，**オブジェクト指向分析**〔⇒Q125〕や設計で用いられる**統一モデリング言語**である。UMLのクラス図では複数個を＊（アスタリスク）で表現する。

設問の「顧客は何度も注文を行い」という記述から，1人の顧客は複数の注文を行うので，顧客クラスと注文クラスの関係は**1対多**であるとわかる。同様に「一度に1つ以上の商品を注文」するので，注文クラスと注文明細クラスの関係も1対多である。この2つをつなげると，次（ア）のようになる。

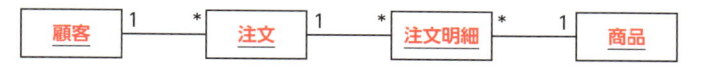

```
[ 顧客 ] 1 ── * [ 注文 ] 1 ── * [ 注文明細 ] * ── 1 [ 商品 ]
```

正解 **ア**

Q077
データベースを記録媒体にどのように格納するかを記述したものはどれか。

ア　概念スキーマ
イ　外部スキーマ
ウ　サブスキーマ
エ　内部スキーマ

サクッと正解

データベースを記録媒体にどのように格納するかを記述したものは，**内部スキーマ**である。

イモヅル式解説

スキーマとは，データベースの構造や仕様を定義するものである。標準的に使用される国際規格である **ANSI/X3/SPARC** では，**概念スキーマ**，**外部スキーマ**，**内部スキーマ**の3層構造で定義を分けることで，データの独立性を確保している。

内部スキーマ（**エ**）は，データを記憶装置上にどのように格納するかを表現している。索引になる**インデックス**の設定やファイルの編成などが相当する。

概念スキーマ（**ア**）	対象の業務とデータの内容を，論理的な構造で表現する。表の定義や**正規化**〔➡Q078〕などが相当する。
外部スキーマ（**イ**）	データの利用者からの見方を表現する。SQL〔➡Q080〕のビューが相当する。**サブスキーマ**（**ウ**）と同義。

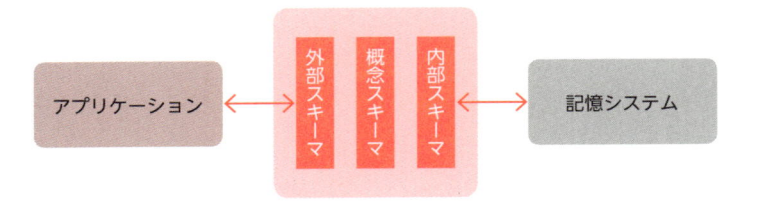

アプリケーション ⟷ 外部スキーマ｜概念スキーマ｜内部スキーマ ⟷ 記憶システム

📖 イモヅル復習問題 ➡ Q076

正解　**エ**

でる度 ★★★

Q078

第1，第2，第3正規形とそれらの特徴a〜cの組合せのうち，適切なものはどれか。

a：どの非キー属性も，主キーの真部分集合に対して関数従属しない。

b：どの非キー属性も，主キーに推移的に関数従属しない。

c：繰返し属性が存在しない。

	第1正規形	第2正規形	第3正規形
ア	a	b	c
イ	a	c	b
ウ	c	a	b
エ	c	b	a

サクッと正解

主キーの真部分集合に関数従属しないのは第2，主キーに推移的に関数従属しないのは第3，繰り返し属性が存在しないのは第1。

イモヅル式解説

正規化とは，データの重複（冗長性）や不整合が起こる可能性を減らすために整えること。正規化されたものを正規形と呼ぶ。正規化には，第1正規形，第2正規形，第3正規形などの種類がある。

第1正規化	繰返し項目を別レコードとして分離し，固定長のレコードに整える。
第2正規化	第1正規形を満たしたうえで，主キーに従属する属性，主キーの一部分だけに従属する属性を，別のレコードに分離する。
第3正規化	第2正規形を満たしたうえで，主キー以外の属性に従属する属性を，別レコードに分離する。

どの非キー属性も主キーの真部分集合に対して関数従属しないaの状態は，第2正規形である。どの非キー属性も主キーに推移的に関数従属しないbは，第3正規形である。繰返し属性が存在しない状態cは，第1正規形であり，第1正規形c，第2正規形a，第3正規形b（ウ）となる。

正解　ウ

Q079

関係 "注文記録" の属性間に①〜⑥の関数従属性があり，それに基づいて第3正規形まで正規化を行って，"商品"，"顧客"，"注文"，"注文明細" の各関係に分解した。関係 "注文明細" として，適切なものはどれか。ここで，{X，Y} は，属性XとYの組みを表し，X→Yは，XがYを関数的に決定することを表す。また，実線の下線は主キーを表す。

注文記録（注文番号，注文日，顧客番号，顧客名，商品番号，商品名，数量，販売単価）

〔関係従属性〕①注文番号→注文日　②注文番号→顧客番号
　　　　　　③顧客番号→顧客名　④{注文番号，商品番号}→数量
　　　　　　⑤{注文番号，商品番号}→販売単価
　　　　　　⑥商品番号→商品名

ア　注文明細（<u>注文番号</u>，<u>顧客番号</u>，<u>商品番号</u>，顧客名，数量，販売単価）

イ　注文明細（<u>注文番号</u>，<u>顧客番号</u>，数量，販売単価）

ウ　注文明細（<u>注文番号</u>，<u>商品番号</u>，数量，販売単価）

エ　注文明細（<u>注文番号</u>，数量，販売単価）

サクッと正解

属性を一意に決定できる関係 "注文明細" は，**注文明細（注文番号，商品番号，数量，販売単価）** である。

イモヅル式解説

　設問の関係従属性①②③より，注文番号で注文日，顧客番号と顧客名が決まる。⑥より，商品番号で商品名が決まる。④⑤より，注文番号と商品番号で数量と販売単価が決まる。この関係から，注文番号と商品番号の2つを主キーとすれば，すべての属性を一意に決定できる。注文明細では，注文番号と商品番号を主キーに，数量と販売単価の属性の組合せ（**ウ**）にすればよい。**ア**は顧客番号などが冗長で，**イ**と**エ**は商品番号などが一意に定まらないので，適切ではない。

📖 イモヅル復習問題 → Q078　　　　　　　　　正解　**ウ**

Q080

表に対するSQLの**GRANT文**の説明として，適切なものはどれか。

ア パスワードを設定してデータベースへの接続を制限する。

イ ビューを作成して，ビューの基となる表のアクセスできる行や列を制限する。

ウ 表のデータを暗号化して，第三者がアクセスしてもデータの内容が分からないようにする。

エ 表の利用者に対し，表への問合せ，更新，追加，削除などの操作権限を付与する。

サクッと正解

データベースの操作言語であるSQLの**GRANT文**は，表の更新や削除などの操作権限を利用者に付与する。

イモヅル式解説

GRANT文は，表の利用者に対し，表への問合せ，更新，追加，削除などの操作権限を付与する（**エ**）SQL文である。

    構文の例
    GRANT　権限の種類　ON　対象のオブジェクト　TO　利用者

ア パスワードを設定してデータベースへの接続を制限するのは，**SET PASSWORD文**である。

イ 任意のデータを抽出したり結合したりすることで，生成する仮想的な表である**ビュー**を作成し，ビューのもととなる表のアクセスできる行や列を制限するのは，**CREATE VIEW文**である。

ウ 表のデータを暗号化し，第三者がアクセスしてもデータの内容がわからないようにする機能は，**DBMS**〈=DataBase Management System ; データベース管理システム〉などで行われる。

イモヅル復習問題 → Q079

正解 **エ**

Q081 コストベースのオプティマイザがSQLの実行計画を作成する際に必要なものはどれか。

ア ディメンジョンテーブル
イ 統計情報
ウ 待ちグラフ
エ ログファイル

サクッと正解

コストベースのオプティマイザがSQLの実行計画を作成する際に必要なものは，**統計情報**である。

イモヅル式解説

オプティマイザは，指定されたデータを取り出すためのアクセス方法を適切に導き出すための最適化を行う機能である。

なお，オプティマイズ（optimize）とは，対象を最もよく対応できる状態へ改良して最適化することである。

コストベースのオプティマイザは，データの件数や分布の偏りなど，**DBMS**〔➡Q080〕の表やインデックスなどの**統計情報**（**イ**）に基づき，**SQL**〔➡Q080〕の最適化を行う機能である。コストベースのオプティマイザの主な役割は，データ量や環境の変化などに応じて最適な**実行計画**を生成することにある。

ア **ディメンジョンテーブル**は，データを分析する際に**グルーピング**したい項目が列に含まれる表である。

ウ **待ちグラフ**は，実行中の処理の流れを矢印で表現した図である。

エ **ログファイル**は，処理を発生順に時系列で記録したファイル。

ちょっと深掘り　アボートとコミット

SQLで実行される処理において，アボートとは，処理の途中で強制的に中断・終了すること。コミット〔➡Q082〕は，「確約」という意味で，処理が確実に実行されて終了することである。

正解　**イ**

Q082

データベースに媒体障害が発生したときのデータベースの回復法はどれか。

ア　障害発生時，異常終了したトランザクションをロールバックする。

イ　障害発生時点でコミットしていたがデータベースの実更新がされていないトランザクションをロールフォワードする。

ウ　障害発生時点でまだコミットもアボートもしていなかった全てのトランザクションをロールバックする。

エ　バックアップコピーでデータベースを復元し，バックアップ取得以降にコミットした全てのトランザクションをロールフォワードする。

サクッと正解

データベースの媒体障害に対する回復法としては，**バックアップで復元**してから，**ロールフォワード**を行う。

イモヅル式解説

データベースに媒体障害が発生したときのデータベースの回復法としては，バックアップコピーでデータベースを復元し，その後，バックアップ取得以降に結果を確定させるコミットを行ったすべてのトランザクションをロールフォワードする（エ）。

ロールフォワード	チェックポイントのバックアップを適用し，障害が起こる前の状態に戻して，以降の処理を再現することで，障害発生直前の状態に復旧させる処理。
ロールバック	更新前ジャーナルを用いて，データをトランザクション開始直前の状態に戻す処理。
トランザクション	関連する一連のプロセスをひとまとまりの処理として扱うこと。

ア　トランザクション障害からの回復法である。

イ　コミットされたトランザクションに対する回復法である。

ウ　コミットされていないトランザクションに対する回復法である。

イモヅル復習問題 → Q081　　　　正解　エ

Q083

NoSQLの一種である，グラフ指向DBの特徴として，適切なものはどれか。

ア　データ項目の値として階層構造のデータをドキュメントとしてもつことができる。また，ドキュメントに対しインデックスを作成することもできる。

イ　ノード，リレーション，プロパティで構成され，ノード間をリレーションでつないで構造化する。ノード及びリレーションはプロパティをもつことができる。

ウ　1つのキーに対して1つの値をとる形をしている。値の型は定義されていないので，様々な型の値を格納することができる。

エ　1つのキーに対して複数の列をとる形をしている。関係データベースとは異なり，列の型は固定されていない。

サクッと正解

グラフ指向DBは，ノードをリレーションでつないで構成されるデータベース構造である。

イモヅル式解説

NoSQL系データベース管理システムは，**RDBMS**〔➡Q052〕ではなく，**SQL**〔➡Q080〕**インタフェース**をもたないデータベース管理システムの総称である。**グラフ指向DB**は，実体であるノード，ノード間の関係を表すリレーション，ノード及びリレーションの属性に関する情報であるプロパティで構成される（**イ**）。

ア　階層構造のデータをドキュメントとしてもち，インデックスも作成できるDBは，**ドキュメント指向DB**である。

ウ　1つのキー（Key）に対して1つの値（Value）をとり，値の型は定義されていないので，さまざまな型の値を格納できるのは，キーを指定するとキーに関連付けられた値が呼び出される構造の**キーバリューストア**〈=Key-Value Store；KVS〉である。

エ　1つのキーに対して複数の列をとり，固定されていない列方向にデータをまとめて扱うDBは，**カラム（列）指向DB**である。

イモヅル復習問題 ➡ Q081　　　　　　　　　　　正解　**イ**

Q084 データレイクの特徴はどれか。

ア 大量のデータを分析し，単なる検索だけでは分からない隠れた規則や相関関係を見つけ出す。

イ データウェアハウスに格納されたデータから特定の用途に必要なデータだけを取り出し，構築する。

ウ データウェアハウスやデータマートからデータを取り出し，多次元分析を行う。

エ 必要に応じて加工するために，データを発生したままの形で格納する。

サクッと正解

データレイクは，必要に応じて加工するためのデータを，発生したままの形で格納するシステムである。

イモヅル式解説

データレイクは，多種多様なデータを，あとで必要に応じて加工するために，データを発生したままの形で一元的に格納しておく（**エ**）システムである。データ処理に関する用語をまとめて覚えよう。

データマイニング	大量のデータを統計的・数学的な手法で分析し，単なる検索だけではわからない，新たな法則や因果関係，パターンなどを見つけ出す（**ア**）手法。
データマート	大量に蓄積された販売実績や製造実績などの時系列データから，特定の用途に必要なデータだけを取り出し，活用できるように構築（**イ**）されたシステム。
データウェアハウス	企業の様々な活動から得られた大量のデータを統合して管理することで，経営戦略の立案などを支援する仕組み。
OLAP〈=Online Analytical Processing〉	データウェアハウスやデータマートからデータを取り出してデータを可視化したり，スライシング，ダイシング，ドリルダウンなどのインタラクティブな操作によって予測したりする多次元分析を行う仕組みの総称（**ウ**）。

イモヅル復習問題 → Q052

正解 **エ**

Q085 ビッグデータの利用における**データマイニング**を説明したものはどれか。

ア 蓄積されたデータを分析し，単なる検索だけでは分からない隠れた規則や相関関係を見つけ出すこと

イ データウェアハウスに格納されたデータの一部を，特定の用途や部門用に切り出して，データベースに格納すること

ウ データ処理の対象となる情報を基に規定した，データの構造，意味及び操作の枠組みのこと

エ データを複数のサーバに複製し，性能と可用性を向上させること

サクッと**正解**

データマイニングは，単なる検索だけではわからない隠れた規則や相関関係を見つけ出すことである。

イモヅル式解説

データマイニング〔➡Q084〕は，企業が保有する顧客や市場などの膨大なデータから，有用な情報や関係などを見つけ出す（**ア**）手法である。**ニューラルネットワーク**や統計解析などの手法を使い，**ビッグデータ**から特徴的なパターンを探し出す。

イ **データウェアハウス**〔➡Q084〕に格納されたデータの一部を，特定の用途や部門用に切り出し，データベースに格納することは，**データマート**〔➡Q084〕である。

ウ データ処理の対象となる情報をもとに規定した，データの構造，意味や関係，操作の枠組みなどを表すのは，**データモデル**である。

エ 性能と可用性を向上させるために，結合された複数のサーバの集合体にデータを複製する構成は，**クラスタシステム**と呼ばれる。

ちょっと深掘り **データディクショナリ**

DBMSが管理するデータ，利用者，プログラムに関する情報，及びそれらの間の関係を保持するデータの集合体をデータディクショナリという。

イモヅル復習問題 ➡Q084　　　　　　　　　正解 **ア**

Q 086
IoTで用いられる無線通信技術であり，近距離のIT機器同士が通信する無線PAN（Personal Area Network）と呼ばれるネットワークに利用されるものはどれか。

ア　BLE（Bluetooth Low Energy）
イ　LTE（Long Term Evolution）
ウ　PLC（Power Line Communication）
エ　PPP（Point-to-Point Protocol）

サクッと正解

PANなどのネットワークに利用される無線通信技術はBLE。

イモヅル式解説

　IoT〈＝Internet of Things〉は，センサを搭載した機器や制御装置などが直接インターネットにつながり，それらがネットワークを通じて様々な情報をやり取りする仕組みである。

　BLE〈＝Bluetooth Low Energy〉（ア）とは，Bluetooth 4.0規格の一部として策定された低電力の近距離無線通信技術のこと。個人がスマートフォンやヘッドフォンなど，複数のディジタル機器を接続してデータの送受信を行うPAN〈＝Personal Area Network〉などで利用される。

LTE〈＝Long Term Evolution〉（イ）	第3世代移動通信システム（3G）を拡張した4Gに相当する移動通信規格。
5G	LTEよりも通信速度が高速で，多くの端末が接続でき，通信遅延も少ないなどの特徴をもつ移動通信規格。
PLC〈＝Power Line Communication〉（ウ）	電力線をインターネットなどの通信回線として利用する技術。
PPP〈＝Point-to-Point Protocol〉（エ）〔➡Q099〕	電話回線を用いて通信を行うプロトコル。

正解　**ア**

Q 087

ETSI（欧州電気通信標準化機構）によって提案された NFV（Network Functions Virtualisation）に関する記述として，適切なものはどれか。

ア　インターネット上で地理情報システムと拡張現実の技術を利用することによって，現実空間と仮想空間をスムーズに融合させた様々なサービスを提供する。

イ　仮想化技術を利用し，ネットワーク機能を汎用サーバ上にソフトウェアとして実現したコンポーネントを用いることによって，柔軟なネットワーク基盤を構築する。

ウ　様々な入力情報に対する処理結果をニューラルネットワークに学習させることによって，画像認識や音声認識，自然言語処理などの問題に対する解を見いだす。

エ　プレースとトランジションと呼ばれる2種類のノードをもつ有向グラフであり，システムの並列性や競合性の分析などに利用される。

サクッと正解

NFVは，仮想化技術を利用し，ネットワーク機能を汎用サーバ上のソフトウェアとして備え，柔軟なネットワーク基盤を構築する。

イモヅル式解説

NFV〈＝Network Functions Virtualisation〉は，ネットワーク仮想化の技術を利用し，ルータなどのハードウェアで行っていた機能を，仮想マシン上で動くソフトウェアとして実装する技術（イ）である。

ア　インターネット上で地理情報システムと拡張現実の技術を利用することで，現実空間と仮想空間を融合させ，様々なサービスを提供することは，AR〔➡Q075〕の技術を使って実現する。

ウ　様々な入力情報の処理結果をニューラルネットワークに学習させることは，ディープラーニングに関する記述である。

エ　2種類のノードをもつ有向グラフであり，システムの並列性や競合性の分析などに利用されるのは，ペトリネット〔➡Q125〕である。

📖 イモヅル復習問題 ➡ Q075　　　　　　　　　　　正解　イ

Q088

無線LANのアクセスポイントやIP電話機などに、
LANケーブルを利用して給電も行う仕組みはどれか。

ア PLC　**イ** PoE　**ウ** UPS　**エ** USB

1

テクノロジ系

サクッと正解

LANケーブルを利用し、インターネット接続と同時に給電も行う
仕組みは、**PoE**である。

イモヅル式解説

PoE 〈=Power over Ethernet〉（**イ**）は、**LANケーブル**を使って電力供給
を行う仕組みである。電源のコンセントがない場所に、PoEに対応し
た無線LANアクセスポイントやIP電話機などの通信機器を設置する場
合などに利用される。

PLC 〈=Power Line Communication〉（**ア**）〔⇒Q086〕	既設の電力線をインターネットやLANなどの通信回線として利用する技術で、新たにLANケーブルを敷設しなくてもよい。
UPS 〈=Uninterruptible Power Supply〉（**ウ**）	コンピュータに対し、停電時に電力を一時的に供給したり、瞬間的な電圧低下の影響を防いだりするために利用する無停電電源装置。
USB 〈=Universal Serial Bus〉（**エ**）	コンピュータと周辺機器を接続するためのインタフェース。USBケーブルにより**バスパワー**による給電を行えるものもある。
CVCF 〈=Constant Voltage Constant Frequency〉	電圧や周波数を一定にすることで、機器に安定した電力を供給する定電圧定周波数装置。
RFタグ（**RFIDタグ**）	極小の集積回路にアンテナなどを組み合わせ、無線自動認識技術で対象の識別や位置確認などが行えるタグ。RFIDリーダからの電波を受信して動作する**パッシブタグ**、電源を内蔵した**アクティブタグ**などの種類がある。

イモヅル復習問題 ⇒ Q086　　　　　正解 **イ**

Q089

図のようなIPネットワークのLAN環境で，ホストA
からホストBにパケットを送信する。LAN1において，
パケット内の**イーサネットフレームの宛先**と**IPデータグラムの宛先**の組合せとして，適切なものはどれか。
ここで，図中の**MAC*n*/IP*m***はホスト又はルータがもつ
インタフェースのMACアドレスとIPアドレスを示す。

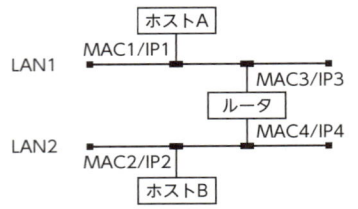

	イーサネットフレームの宛先	IPデータグラムの宛先
ア	MAC2	IP2
イ	MAC2	IP3
ウ	MAC3	IP2
エ	MAC3	IP3

サクッと正解

ホストAからホストBまでは**IPデータグラムの宛先**，各ホストとルータまでは**イーサネットフレームの宛先**を参照する。

イモヅル式解説

ホストAから送信されたパケットは，データ転送の経路を制御する**ルータ**を経て，ホストBに届く。宛先などの制御情報もつIPデータグラムの宛先は，ホストBのIPアドレスである**IP2**にある。

ホストAからルータまで，ルータからホストBまでの経路では，端末同士の通信に使われる制御情報をもつ**イーサネットフレーム**によってデータ転送が行われる。ホストAから送信されたIPデータグラムはイーサネットフレームに変換され，イーサネットフレームの宛先となる**MACアドレス**〔➡Q098〕は，ルータの**MAC3**である。

正解　**ウ**

Q 090 日本国内において，無線LANの規格IEEE 802.11ac に関する説明のうち，適切なものはどれか。

ア IEEE 802.11gに対応している端末はIEEE 802.11acに対応しているアクセスポイントと通信が可能である。

イ 最大通信速度は600Mビット／秒である。

ウ 使用するアクセス制御方式はCSMA/CD方式である。

エ 使用する周波数帯は5GHz帯である。

サクッと正解

無線LANの規格IEEE 802.11acが使用する周波数帯は5GHz帯。

イモツル式解説

無線LANの標準規格であるWi-Fiには，IEEE 802，11g，11n，11ac，11adなどの規格があり，周波数帯は60GHz，5GHz，2.4GHzのいずれかを使う。このうちIEEE 802.11acは，5GHz帯（エ）を使い，最大6.93Gbpsまで高速化できるWi-Fi規格である。

規格	周波数帯	最大通信速度
IEEE 802.11g	2.4GHz	54Mbps
IEEE 802.11n	2.4GHzなど	600Mbps
IEEE 802.11ac	5GHz	6.93Gbps
IEEE 802.11ad	60GHz	6.8Gbps

ア IEEE 802.11gは2.4GHz帯のみを使用し，IEEE 802.11acは5GHz帯のみを使用するので，IEEE 802.11gに対応している端末はIEEE 802.11acに対応しているアクセスポイントと通信できない。

イ IEEE 802.11acの最大通信速度は600Mbps（ビット／秒）ではなく，6.93Gbps（6933.3Mbps）である。

ウ 無線LANで使用するアクセス制御方式は，CSMA/CD〈＝Collision Detection；衝突検出〉方式〔➡Q091〕ではなく，CSMA/CA〈＝Collision Avoidance；衝突回避〉方式〔➡Q091〕である。

正解 エ

Q091

イーサネットで使用されるメディアアクセス制御方式である**CSMA/CD**に関する記述として，適切なものはどれか。

ア　それぞれのステーションがキャリア検知を行うとともに，送信データの衝突が起きた場合は再送する。

イ　タイムスロットと呼ばれる単位で分割して，同一周波数において複数の通信を可能にする。

ウ　データ送受信の開始時にデータ送受信のネゴシエーションとしてRTS/CTS方式を用い，受信の確認はACKを使用する。

エ　伝送路上にトークンを巡回させ，トークンを受け取った端末だけがデータを送信できる。

サクッと正解

CSMA/CDは，送信データの衝突が起こった場合に再送する通信方式である。

イモヅル式解説

CSMA/CD〈=Carrier Sense Multiple Access with Collision Detection〉では，各ノードは伝送媒体が使用中かどうかを調べ，使用中でなければ送信を行う。同時に送信しようとして**衝突を検出**したら，ランダムな時間の経過後に再度送信を行う（**ア**）方式である。

TDMA〈=Time Division Multiple Access〉	分割されたタイムスロットを割り当てられたノードだけが送信を行うことで，同一周波数において複数の通信を可能にする（**イ**）方式。
CSMA/CA〈=Carrier Sense Multiple Access with Collision Avoidance〉	データ送受信の開始時にデータ送受信のネゴシエーションとして，送信要求と受信準備完了の**RTS/CTS方式**を使用し，受信確認はデータの正常な受信を応答する**ACK**を使用する（**ウ**）方式。
トークンパッシング	各ノードを環状に接続し，送信権を制御するための**トークン**と呼ばれる特殊なフレームを伝送路上に巡回させ，トークンを受け取った端末だけがデータを送信できる（**エ**）方式。

イモヅル復習問題 ➡ Q090　　　　　　　　　　　正解　**ア**

Q 092

IPv4ネットワークで使用されるIPアドレスaとサブネットマスクmから**ホストアドレスを求める式**はどれか。ここで，"〜"はビット反転の演算子，"｜"はビットごとの論理和の演算子，"&"はビットごとの論理積の演算子を表し，ビット反転の演算子の優先順位は論理和，論理積の演算子よりも高いものとする。

ア 〜a&m　　**イ** 〜a｜m
ウ a&〜m　　**エ** a｜〜m

サクッと正解

ホストアドレスを求めるには，サブネットマスクmを反転させたビット列（〜m）とIPアドレスaとの**論理積**（&）を行う。

イモヅル式解説

IPアドレスは**ネットワークアドレス**と**ホストアドレス**に分割できる。サブネットマスクは，ビットが1か0の**AND**（**論理積**）〔➡Q062〕により，ネットワークアドレス部とホストアドレス部を取り出すことができる。

ビット列から一部をそのまま取り出すには，取り出したい桁の**ビットを1にしたサブネットマスク**とのANDを求めればよい。IPアドレス（**a**）からネットワークアドレスを取り出すには，ネットワークアドレスに相当するビットを1にしたサブネットマスク（**m**）とのANDを求める。

設問では，ホストアドレスを求めるので，サブネットマスクmの**ビットを反転させたもの**（**〜m**）との論理積（AND（**&**））になる。これを論理演算の式になるように並べると，IPアドレス（a），論理積（AND（&）），サブネットマスクmのビットを反転させたもの（〜m）になるので，求める式は**a&〜m**（**ウ**）であるとわかる。

イモヅル復習問題 ➡ Q062

正解　**ウ**

Q093

TCP，UDPのポート番号を識別し，プライベートIPアドレスとグローバルIPアドレスとの対応関係を管理することによって，プライベートIPアドレスを使用するLAN上の複数の端末が，1つの==グローバルIPアドレスを共有してインターネットにアクセスする==仕組みはどれか。

ア IPスプーフィング　　**イ** IPマルチキャスト
ウ NAPT　　　　　　　**エ** NTP

サクッと正解

LAN上のプライベートIPアドレスをもつ複数の端末が，==1つのグローバルIPアドレスを共有==する仕組みは，**NAPT**である。

イモヅル式解説

NAPT〈=Network Address Port Translation〉（**ウ**）は，プライベートIPアドレスとグローバルIPアドレスを1対1で相互に変換する機能である。**IPマスカレード**とも呼ばれ，1つのグローバルIPアドレスを使い，複数のコンピュータがインターネットに接続できる。

IPスプーフィング（**ア**）	送信元のIPアドレスを偽装してパケットを送信するなりすまし行為。
IPマルチキャスト（**イ**）	同じデータを複数のIPアドレスに一度に送信する機能。
NTP〈=Network Time Protocol〉（**エ**）	TCP/IPネットワークにおいて，タイムサーバの時刻をもとに複数のコンピュータの時刻を同期させるプロトコル。
NNTP〈=Network News Transfer Protocol〉	TCP/IPネットワークにおいて，記事の投稿や閲覧などを行うプロトコル。
RTP〈=Real-time Transport Protocol〉	TCP/IPネットワークにおいて，音声や動画などをリアルタイムに配信するためのプロトコル。

イモヅル復習問題 → Q062，Q092

正解　**ウ**

Q 094

ONF（Open Networking Foundation）が標準化を進めているOpenFlowプロトコルを用いたSDN（Software-Defined Networking）の説明として，適切なものはどれか。

ア 管理ステーションから定期的にネットワーク機器のMIB（Management Information Base）情報を取得して，稼働監視や性能管理を行うためのネットワーク管理手法

イ データ転送機能をもつネットワーク機器同士が経路情報を交換して，ネットワーク全体のデータ転送経路を決定する方式

ウ ネットワーク制御機能とデータ転送機能を実装したソフトウェアを，仮想環境で利用するための技術

エ ネットワーク制御機能とデータ転送機能を論理的に分離し，コントローラと呼ばれるソフトウェアで，データ転送機能をもつネットワーク機器の集中制御を可能とするアーキテクチャ

サクッと正解

SDNは，ネットワーク機器の集中制御を行う。

イモヅル式解説

OpenFlowとは，通信機器を単一の装置で制御し，複雑な転送制御を行ったり，ネットワーク構成を柔軟に変更したりする技術。業界団体**ONF**が標準化している。**SDN**は，経路制御とデータ転送の機能を論理的に分離し，データ転送に特化したネットワーク機器と経路制御を行うソフトウェア（**エ**）で実現するネットワーク技術である。

SNMP 〈=Simple Network Management Protocol〉	定期的にネットワーク機器の管理情報（**MIB**）を取得し，稼働監視や性能管理を行う管理手法（**ア**）。
ルーティング	データ転送機能をもつネットワーク機器同士が経路情報を交換し，転送経路を決定する方式（**イ**）。
VNF 〈=Virtual Network Function〉	ネットワーク制御機能とデータ転送機能を実装したソフトウェアを，仮想環境で利用するためのネットワーク仮想化の技術（**ウ**）。

正解 **エ**

Q095

2.4GHz帯の無線LANのアクセスポイントを，広いオフィスや店舗などをカバーできるように分散して複数設置したい。2.4GHz帯の無線LANの特性を考慮した運用をするために，**各アクセスポイントが使用する周波数チャネル番号の割当て方**として，適切なものはどれか。

ア PCを移動しても，PCの設定を変えずに近くのアクセスポイントに接続できるように，全てのアクセスポイントが使用する周波数チャネル番号は同じ番号に揃えておくのがよい。

イ アクセスポイント相互の電波の干渉を避けるために，隣り合うアクセスポイントには，例えば周波数チャネル番号1と6，6と11のように離れた番号を割り当てるのがよい。

ウ 異なるSSIDの通信が相互に影響することはないので，アクセスポイントごとにSSIDを変えて，かつ，周波数チャネル番号の割当ては機器の出荷時設定のままがよい。

エ 障害時に周波数チャネル番号から対象のアクセスポイントを特定するために，設置エリアの端から1，2，3と順番に使用する周波数チャネル番号を割り当てるのがよい。

サクッと正解

　2.4GHz帯の無線LANで各アクセスポイントが使う周波数を割り当てるには，相互の電波干渉を避けるため，隣り合うアクセスポイントのチャネルは5つ以上離れた番号にするとよい。

イモヅル式解説

　複数の無線LANが同じ周波数上で限られた帯域を共有したり，無線LANに家電などの周波数が重なったりすることで，電波干渉などの悪影響を与える場合がある。無線LANの規格**IEEE 802.11b/g/n**〔→Q090〕が使う**2.4GHz**帯は家電などでも利用され，電波干渉が起こることが考えられる。これは5GHz帯を使う**IEEE 802.11ac**に変更すれば解消する可能性がある。また，2.4GHz帯ではチャネルが5つ以上離れていないと電波干渉が起こる可能性がある（**イ**）。

正解　**イ**

Q096

IPv6において，拡張ヘッダを利用することによって実現できるセキュリティ機能はどれか。

ア URLフィルタリング機能
イ 暗号化通信機能
ウ 情報漏えい検知機能
エ マルウェア検知機能

1
テクノロジ系

サクッと正解

IPv6では，**拡張ヘッダ**を利用して**暗号化を実現**できる。

イモヅル式解説

IPv6〈＝Internet Protocol version 6〉は，アドレス空間として128ビットを割り当てた次世代のインターネットプロトコルである。32ビットのIPv4でアドレス数が枯渇するという問題を解消できる。IPv6では，セキュリティ機能も強化されており，情報の**暗号化通信**（**イ**）を実現する**IPsec**〔➡Q099〕が備わっている。

IPv6の**IPヘッダ**は，基本部分に**拡張ヘッダ**をオプションとして追加できる。

拡張ヘッダには，分割したパケットを管理する**フラグメントヘッダ**，通信経路を特定する**ルーティングヘッダ**，パケットを暗号化する**ESP**〈＝Encapsulating Security Payload〉，認証機能をもつ**AH**〈＝Authentication Header〉などが含まれる。

また，IPv4では20〜60バイトのヘッダサイズが，IPv6では**40バイトの固定長**になった。

IPアドレスの設定は，IPv4では手動または**DHCP**〔➡Q097〕で設定するが，IPv6では手動やDHCPv6のほか，**ICMPv6 Router Advertisement**により通知されるプレフィックスから自動でIPv6アドレスを構成できる。

正解　**イ**

Q097

TCP/IPネットワークで使用されるARPの説明として，適切なものはどれか。

ア　IPアドレスからMACアドレスを得るためのプロトコル

イ　IPアドレスからホスト名（ドメイン名）を得るためのプロトコル

ウ　MACアドレスからIPアドレスを得るためのプロトコル

エ　ホスト名（ドメイン名）からIPアドレスを得るためのプロトコル

サクッと正解

ARPは，IPアドレスからMACアドレスを得るためのプロトコルである。

イモヅル式解説

ARP〈＝Address Resolution Protocol〉は，IPアドレスから**MACアドレス**〔➡Q098〕を得るプロトコル（**ア**）である。コンピュータのMACアドレスを確認し，事前に登録されているMACアドレスである場合だけ通信を許可する。

IPアドレスからホスト名（ドメイン名）を得る（**イ**）のは，DNS〈＝Domain Name System〉〔➡Q098〕の逆引き，ホスト名（ドメイン名）からIPアドレスを得る（**エ**）のは，DNSの**正引き**である。

RARP〈＝Reverse Address Resolution Protocol〉〔➡Q098〕	MACアドレスからIPアドレスを得るためのプロトコル（**ウ**）。
TCP〈＝Transmission Control Protocol〉	IPネットワークにおける**誤り制御**のためのプロトコル。
DHCP〈＝Dynamic Host Configuration Protocol〉	TCP/IPネットワークにおいて，IPアドレスを動的に割り当てるプロトコル。
RIP〈＝Routing Information Protocol〉	ゲートウェイ間のホップ数によって経路を制御するルーティングプロトコル。

正解　**ア**

Q098 TCP/IPネットワークにおけるRARPの機能として，適切なものはどれか。

ア IPパケットが通信先のIPアドレスに到達するかどうかを調べる。

イ MACアドレスからIPアドレスを求める。

ウ ドメイン名とホスト名からIPアドレスを求める。

エ プライベートIPアドレスとグローバルIPアドレスを相互に変換する。

サクッと正解

RARPには，MACアドレスからIPアドレスを求める機能がある。

イモヅル式解説

RARP〈=Reverse Address Resolution Protocol〉は，IPアドレスから機器の識別番号であるMACアドレスを調べる**ARP**〔⇒Q097〕とは逆に，MACアドレスから個々の機器のIPアドレスを調べる（**イ**）ためのプロトコルである。

電源オフ時にIPアドレスを保持できない装置が，電源オン時に自装置のMACアドレスから自装置のIPアドレスを知るために用いるデータリンク層のプロトコルで，**ブロードキャスト**を利用する。

関連する用語をまとめて覚えよう。

ICMP〈=Internet Control Message Protocol〉	IPパケットが通信先のIPアドレスに到達するかどうかを調べる（**ア**）プロトコル。
DNS〈=Domain Name System〉	ドメイン名とホスト名からIPアドレスを求める（**ウ**）仕組み。
NAT〈=Network Address Translation〉	プライベートIPアドレスとグローバルIPアドレスを相互に変換する（**エ**）技術。
DNSSEC〈=DNS Security Extensions〉〔⇒Q117〕	DNSサーバから受け取るリソースレコードに対するディジタル署名〔⇒Q108〕を利用し，リソースレコードの送信者の正当性とデータの完全性を検証する機能。

イモヅル復習問題 ⇒ Q097
正解 **イ**

Q099

PCからサーバに対し，IPv6を利用した通信を行う場合，**ネットワーク層で暗号化を行う**ときに利用するものはどれか。

ア IPsec　**イ** PPP　**ウ** SSH　**エ** TLS

サクッと正解

　IPv6を利用した通信を行う場合，ネットワーク層で暗号化を行うのに利用するプロトコルは，**IPsec**である。

イモヅル式解説

　IPsec〈=Security Architecture for Internet Protocol〉（**ア**）は，PCからサーバに対し，IPv6〔➡Q096〕を利用した通信を行う場合，ネットワーク層で暗号化するのに利用する。**トンネルモード**を使用すると，暗号化通信の区間において，エンドツーエンドの通信で用いる元のIPのヘッダを含めて暗号化でき，**インターネットVPN**〔➡Q124〕を実現する。

PPP 〈=Point-to-Point Protocol〉（**イ**）	電話回線などを介したダイヤルアップ接続で使われるプロトコル。認証やIPアドレスの取得などを行い，2点間を接続して通信を行う。
SSH 〈=Secure Shell〉（**ウ**）	暗号化や認証の機能をもち，リモートからの遠隔操作を行うためのプロトコル。
TLS 〈=Transport Layer Security〉（**エ**）	ディジタル証明書による認証，共通鍵暗号方式による暗号化，**ハッシュ関数**〔➡Q112〕による改ざん検出などの機能をもつプロトコル。
CHAP 〈=Challenge Handshake Authentication Protocol〉 **PAP** 〈=Password Authentication Protocol〉	PPPのリンク確立後，ユーザIDとパスワードによって利用者を認証するときに使うプロトコル。

正解　**ア**

Q100 認証局が発行するCRLに関する記述のうち，適切なものはどれか。

ア　CRLには，失効したディジタル証明書に対応する秘密鍵が登録される。

イ　CRLには，有効期限内のディジタル証明書のうち失効したディジタル証明書のシリアル番号と失効した日時の対応が提示される。

ウ　CRLは，鍵の漏えい，失効申請の状況をリアルタイムに反映するプロトコルである。

エ　有効期限切れで失効したディジタル証明書は，所有者が新たなディジタル証明書を取得するまでの間，CRLに登録される。

サクッと正解

CRLは，有効期間内に失効したディジタル証明書のリストであり，失効した証明書のシリアル番号や失効日時などが記載される。

イモヅル式解説

CRL〈=Certificate Revocation List〉は，公開鍵暗号基盤であるPKI〈=Public Key Infrastructure〉を使ったアプリケーションが，証明書の有効性を検証するために用いる証明書失効リストである。

CRLには，有効期間内に失効したディジタル証明書のシリアル番号と失効した日時の対応が記載される（イ）。

ア　CRLには，失効したディジタル証明書に対応する秘密鍵が登録されるわけではない。

ウ　鍵の漏えい，失効申請の状況をリアルタイムに反映するプロトコルは，OCSP〈=Online Certificate Status Protocol〉である。

エ　有効期限が切れたディジタル証明書は，当然に失効しているので，新たなディジタル証明書を取得するまでの間，CRLに登録されることはない。

正解　イ

Q101 サイドチャネル攻撃に該当するものはどれか。

ア 暗号アルゴリズムを実装した攻撃対象の物理デバイスから得られる物理量（処理時間，消費電力など）やエラーメッセージから，攻撃対象の秘密情報を得る。

イ 企業などの秘密情報を不正に取得するソーシャルエンジニアリングの手法の１つであり，不用意に捨てられた秘密情報の印刷物をオフィスの紙ごみの中から探し出す。

ウ 通信を行う２者間に割り込み，両者が交換する情報を自分のものとすり替えることによって，その後の通信を気付かれることなく盗聴する。

エ データベースを利用するWebサイトに入力パラメータとしてSQL文の断片を送信することによって，データベースを改ざんする。

サクッと正解

サイドチャネル攻撃は，攻撃対象の物理デバイスから得られる情報から秘密情報を得ようとする攻撃手法のこと。

イモヅル式解説

サイドチャネル攻撃は，通信の内容を直接解読するのではなく，暗号化処理を実行する物理デバイスから漏洩する処理時間や消費電力などを分析することで，暗号解読を行おうとする攻撃手法である。

イ 企業などの秘密情報を不正に取得する**ソーシャルエンジニアリング**の手法であり，不用意に捨てられた秘密情報の印刷物をオフィスの紙ごみの中から探し出すのは，**スキャベンジング**である。

ウ 通信に割り込み，その情報を自分のものとすり替えることで盗聴する手法は，**MiTM**〈=Man in The Middle; 中間者〉**攻撃**と呼ばれる。

エ データベースを利用するWebサイトに入力パラメータとしてSQL文の断片を送信することで，データベースを改ざんする攻撃手法は，**SQLインジェクション**である。

正解 **ア**

Q102 ディープフェイクを悪用した攻撃に該当するものはどれか。

ア AI技術によって加工したCEOの音声を使用して従業員に電話をかけ，指定した銀行口座に送金するよう指示した。

イ 企業のPCをランサムウェアに感染させ，暗号化したデータを復号するための鍵と引き換えに，指定した方法で暗号資産を送付するよう指示した。

ウ 企業の秘密情報を含むデータを不正に取得したと誤認させる電子メールを従業員に送付し，不正に取得したデータを公開しないことと引き換えに，指定した方法で暗号資産を送付するよう指示した。

エ ディープウェブにて入手した認証情報でCEOの電子メールアカウントに不正にログインして偽りの電子メールを従業員に送付し，指定した銀行口座に送金するよう指示した。

サクッと正解

ディープフェイクとは，AIで他人の容姿や音声などを合成すること。

イモヅル式解説

ディープフェイクとは，**深層学習**〈=Deep Learning〉と**偽物**〈=Fake〉に由来する用語。AI技術を活用し，他人や架空の人物などに模した画像や音声などを合成することである。なお，電話を通じて個人情報を不正に入手したり詐欺行為をしたりする手口を**ビッシング**と呼ぶ。

イ 暗号データを復号するための鍵と引き換えに，暗号資産を送付するよう指示するのは，**暗号化型ランサムウェア**である。

ウ 利用者を脅すような偽のメッセージなどで恐怖心をあおって怖がらせる（scare）ことで，暗号資産などを要求する攻撃手法は，**スケアウェア**と呼ばれる。

エ 従業員をだまして攻撃者の用意した銀行口座へ送金させようとする攻撃手法は，**ビジネスメール詐欺**〈=Business E-mail Compromise; BEC〉と呼ばれる。

正解 **ア**

Q 103
Webサイトにおいて，クリックジャッキング攻撃の対策に該当するものはどれか。

ア HTTPレスポンスヘッダにX-Content-Type-Optionsを設定する。

イ HTTPレスポンスヘッダにX-Frame-Optionsを設定する。

ウ 入力にHTMLタグが含まれていたら，HTMLタグとして解釈されないほかの文字列に置き換える。

エ 入力文字数が制限を超えているときは受け付けない。

サクッと正解

　クリックジャッキング攻撃には，HTTPレスポンスヘッダにX-Frame-Optionsを設定することが対策となる。

イモヅル式解説

　クリックジャッキングとは，Webページにあるリンクなどの要素を透明化したり別の機能に偽装したりするなど，利用者に誤ったクリックをさせ，意図しない動作をさせようとする攻撃手法。**X-Frame-Options**（イ）は，フレームを使う表示の可否を指定する記述であり，悪意で透明化された偽装ページなどによる攻撃を防げる。

ア HTTPレスポンスヘッダにX-Frame-Optionsを設定すると，不正なスクリプトの予期せぬ実行を防ぎ，**クロスサイトスクリプティング攻撃**などへの対策になる。

ウ 他サイトへのジャンプなどの機能をもつ文字列などがあっても，HTMLタグとして解釈されない文字列に置き換えることは**サニタイジング**という。クリックジャッキング攻撃への直接的な効果はない。

エ 入力文字数が制限を超えているときに受け付けない処置は，**バッファオーバフロー攻撃**への対策となる。

ちょっと深掘り　クリプトジャッキング
暗号資産（仮想通貨）を入手するためのマイニングを，マルウェアを送り込んでおいた他人のコンピュータを使って気付かれないように行う行為。

正解　**イ**

Q104 SEOポイズニングの説明はどれか。

ア Web検索サイトの順位付けアルゴリズムを悪用して，検索結果の上位に，悪意のあるWebサイトを意図的に表示させる。

イ 車などで移動しながら，無線LANのアクセスポイントを探し出して，ネットワークに侵入する。

ウ ネットワークを流れるパケットから，侵入のパターンに合致するものを検出して，管理者への通知や，検出した内容の記録を行う。

エ マルウェア対策ソフトのセキュリティ上の脆弱性を悪用して，システム権限で不正な処理を実行させる。

サクッと正解

SEOポイズニングは，悪意のあるWebサイトを検索結果の上位に意図的に表示させる手法である。

イモヅル式解説

SEO〈=Search Engine Optimization〉**ポイズニング**は，Web検索サイトの順位付けアルゴリズムを悪用し，検索エンジンの検索結果一覧の上位に悪意のあるWebサイトが表示されるように細工を施す（**ア**）ことである。

イ 車などで移動しながら，無線LANのアクセスポイントを探し出し，ネットワークに不正侵入する攻撃手法は，**ウォードライビング**である。

ウ ネットワークを流れるパケットから，侵入パターンに合致するものを検出し，管理者への通知や，検出内容の記録を行うのは，侵入検知システムの**IDS**〈=Intrusion Detection System〉や侵入防止システムの**IPS**〈=Intrusion Prevention System〉である。

エ マルウェア対策ソフトのセキュリティ上の脆弱性を悪用し，システム権限で不正な処理を実行させることではない。

正解 **ア**

Q105 攻撃者が行う**フットプリンティング**に該当するものはどれか。

ア　Webサイトのページを改ざんすることによって，そのWebサイトから社会的・政治的な主張を発信する。

イ　攻撃前に，攻撃対象となるPC，サーバ及びネットワークについての情報を得る。

ウ　攻撃前に，攻撃に使用するPCのメモリを増設することによって，効率的に攻撃できるようにする。

エ　システムログに偽の痕跡を加えることによって，攻撃後に追跡を逃れる。

サクッと正解

フットプリンティングとは，攻撃前に，攻撃対象となるPC，サーバ及びネットワークについての情報を得る攻撃手法。

イモヅル式解説

フットプリンティングは，DNSサーバのソフトウェアの**バージョン情報**を入手し，DNSサーバのセキュリティホールを特定しておくなど，攻撃のための情報を事前に収集する（**イ**）ことを指す。攻撃に使うPCのメモリ増設（**ウ**）とフットプリンティングなどの攻撃の間に直接的な関係はない。攻撃手法をまとめて覚えよう。

ハクティビズム	WebサイトのWebページを改ざんすることで，そのWebサイトから社会的・政治的な主張を発信する（**ア**）。
ルートキット	システムログに偽の痕跡を加えることで，攻撃後に追跡を逃れるようにする（**エ**）。
DNSリフレクション攻撃	送信元のIPアドレスを攻撃対象のIPアドレスに偽装し，攻撃者がDNSサーバに大量にリクエストを送ることで，攻撃対象のサーバに大量のパケットを送信させる攻撃。
DNSキャッシュポイズニング攻撃	PCが参照するDNSサーバに，偽装したドメイン情報を入力し，偽装されたWebサーバにPCの利用者を誘導する攻撃。

📖 イモヅル復習問題 → Q104　　　　　　　　　正解　**イ**

Q106 ボットネットにおける**C&Cサーバの役割**として，適切なものはどれか。

ア Webサイトのコンテンツをキャッシュし，本来のサーバに代わってコンテンツを利用者に配信することによって，ネットワークやサーバの負荷を軽減する。

イ 外部からインターネットを経由して社内ネットワークにアクセスする際に，CHAPなどのプロトコルを用いることによって，利用者認証時のパスワードの盗聴を防止する。

ウ 外部からインターネットを経由して社内ネットワークにアクセスする際に，時刻同期方式を採用したワンタイムパスワードを発行することによって，利用者認証時のパスワードの盗聴を防止する。

エ 侵入して乗っ取ったコンピュータに対して，他のコンピュータへの攻撃などの不正な操作をするよう，外部から命令を出したり応答を受け取ったりする。

サクッと正解

ボットネットにおける**C&Cサーバ**の役割は，外部から不正操作を行うための命令を出したり応答を受けたりすること。

イモヅル式解説

　<u>ボットネット</u>とは，攻撃者がマルウェアに感染させ，攻撃者に操られた機器によるネットワークのこと。<u>C&C</u> ⟨＝Command and Control⟩ <u>サーバ</u>は，遠隔操作が可能なマルウェアに不正操作を行うよう，命令を出したり応答を受けたりする（**エ**）役割を担う。

ア　ネットワークやサーバの負荷を軽減するのは，<u>CDN</u> ⟨＝Contents Delivery Network⟩ である。

イ，ウ　外部から社内ネットワークにアクセスする際に，<u>CHAP</u>〔➡ Q099〕を用いたり，時刻同期方式を採用した<u>ワンタイムパスワード</u>〔➡Q109〕を発行したりすることで，利用者認証時のパスワードの盗聴を防止するのは，<u>認証サーバ</u>の役割である。

イモヅル復習問題 ➡ Q099

正解 **エ**

Q107 エクスプロイトコードの説明はどれか。

ア 攻撃コードとも呼ばれ，ソフトウェアの脆弱性を悪用するコードのことであり，使い方によっては脆弱性の検証に役立つこともある。

イ マルウェア定義ファイルとも呼ばれ，マルウェアを特定するための特徴的なコードのことであり，マルウェア対策ソフトによるマルウェアの検知に用いられる。

ウ メッセージとシークレットデータから計算されるハッシュコードのことであり，メッセージの改ざん検知に用いられる。

エ ログインのたびに変化する認証コードのことであり，不正に取得しても再利用できないので不正アクセスを防ぐ。

サクッと正解

エクスプロイトコードは，ソフトウェアの脆弱性を悪用するコード。

イモヅル式解説

エクスプロイトコードは，コンピュータのソフトウェアやシステムに存在する脆弱性を突くためのコードやプログラムである。悪意のある攻撃者は，これを使って不正にアクセスしたりデータを盗んだりする可能性がある。**セキュリティの検証**などに利用されることもある。

イ マルウェア定義ファイルとも呼ばれ，マルウェアを特定するための特徴的なコードであり，マルウェア対策ソフトによるマルウェアの検知に用いられるのは，**シグネチャコード**である。

ウ メッセージとシークレットデータから計算されるハッシュコードであり，メッセージの改ざん検知に用いられるのは，**メッセージ認証コード**〈=Message Authentication Code; MAC〉である。

エ ログインのたびに変化する認証コードであり，不正に取得しても再利用できず不正アクセスの防止につながるものは，**ワンタイムパスワード**〔➡Q109〕などと呼ばれる。

イモヅル復習問題 ➡ Q099，Q106　正解 **ア**

セキュリティ

でる度 ★★★

Q108

送信者Aからの**文書ファイル**と，その文書ファイルの**ディジタル署名**を受信者Bが受信したとき，受信者Bができることはどれか。ここで，受信者Bは送信者Aの**署名検証鍵X**を保有しており，受信者Bと第三者は送信者Aの**署名生成鍵Y**を知らないものとする。

ア ディジタル署名，文書ファイル及び署名検証鍵Xを比較することによって，文書ファイルに改ざんがあった場合，その部分を判別できる。

イ 文書ファイルが改ざんされていないこと，及びディジタル署名が署名生成鍵Yによって生成されたことを確認できる。

ウ 文書ファイルがマルウェアに感染していないことを認証局に問い合わせて確認できる。

エ 文書ファイルとディジタル署名のどちらかが改ざんされた場合，どちらが改ざんされたかを判別できる。

サクッと正解

ディジタル署名は，改ざんの有無と送信元の正当性を確認できる。

イモヅル式解説

ディジタル署名は，送信者が**ハッシュ関数**〔➡Q112〕で圧縮したメッセージダイジェストを，送信者の**秘密鍵**で暗号化し，平文とともに送信する。受信者は，暗号化したメッセージダイジェストを送信者の**公開鍵**で復号する。同じ平文から生成されるメッセージダイジェストは常に同じになることから，**内容の改ざん**を判別できる。

設問では，送信者Aの署名検証鍵Xを保有している受信者Bは，送信者Aからの文書ファイルが改ざんされていないことと，ディジタル署名が署名生成鍵Yから生成されたことを確認できる（**イ**）。

ア，エ ディジタル署名では，改ざんの有無はわかるが，改ざんされた部分の判別はできない。同様に，文書ファイルとディジタル署名のどちらに改ざんが行われたかの判別もできない。

ウ ディジタル署名にマルウェアを検出する機能はないので，認証局に問い合わせて確認することはできない。

📖 **イモヅル復習問題** ➡Q010

正解 **イ**

Q109

チャレンジレスポンス認証方式に該当するものはどれか。

ア　固定パスワードをTLSによって暗号化し，クライアントからサーバに送信する。

イ　端末のシリアル番号を，クライアントで秘密鍵を使って暗号化してサーバに送信する。

ウ　トークンという装置が自動的に表示する，認証のたびに異なるデータをパスワードとしてサーバに送信する。

エ　利用者が入力したパスワードと，サーバから受け取ったランダムなデータとをクライアントで演算し，その結果をサーバに送信する。

サクッと正解

チャレンジレスポンス認証方式とは，入力したパスワードと乱数を演算し，それを確認用データとしてサーバに送信する方式。

イモヅル式解説

チャレンジレスポンス認証方式は，クライアントからのリクエストにより，サーバは**チャレンジ**と呼ばれるランダムなデータをクライアントへ送信する。クライアントは，利用者が入力したパスワードとサーバから受信したチャレンジに演算を施し，その**レスポンス**をサーバに送信して（**エ**）認証を行う方式である。

ア　チャレンジレスポンス方式では，セキュアプロトコルである**TLS**〈＝Transport Layer Security〉〔➡Q099〕によって固定パスワードを暗号化するわけではない。

イ　チャレンジレスポンス方式では，端末のシリアル番号をサーバに送信するわけではない。

ウ　**トークン**〔➡Q091〕という装置が自動的に表示するデータをパスワードとして送信するのは，タイムスタンプ方式とも呼ばれる時刻同期式の**ワンタイムパスワード**である。ワンタイムパスワードとは，認証のために一度しか使えないパスワードのこと。

イモヅル復習問題 ➡Q099　　　　　　　　　　　正解　**エ**

Q110 リスクベース認証の特徴はどれか。

ア いかなる利用条件でのアクセスの要求においても，ハードウェアトークンとパスワードを併用するなど，常に2つの認証方式を併用することによって，不正アクセスに対する安全性を高める。

イ いかなる利用条件でのアクセスの要求においても認証方法を変更せずに，同一の手順によって普段どおりにシステムにアクセスできるようにし，可用性を高める。

ウ 普段と異なる利用条件でのアクセスと判断した場合には，追加の本人認証をすることによって，不正アクセスに対する安全性を高める。

エ 利用者が認証情報を忘れ，かつ，Webブラウザに保存しているパスワード情報を使用できないリスクを想定して，緊急と判断した場合には，認証情報を入力せずに，利用者は普段どおりにシステムを利用できるようにし，可用性を高める。

サクッと正解

リスクベース認証は，普段と異なる利用条件を検知した場合などに，本人認証を追加することで安全性を高める措置である。

イモヅル式解説

リスクベース認証とは，システム利用時に用いられる認証手続き強化のためのセキュリティ対策の1つ。利用者がログイン時に不自然な動作をしたり，通常と異なる条件や環境などを検知したりすることで，必要に応じて追加の本人認証を行う（**ウ**）措置である。

ア アクセス要求において，ハードウェアトークンとパスワードを併用するなど，2つの認証方式を使うのは，二要素認証である。

イ，エ アクセス要求において，常に同一の手順で認証することや，緊急時に認証情報を入力せずにシステムを利用できるようにすることは，リスクベース認証ではなく，セキュリティ対策でもない。

正解 **ウ**

Q111 エクスプロイトキットの説明はどれか。

ア JPEGデータを読み込んで表示する機能をもつ製品に対して，セキュリティ上の問題を発生させる可能性のある値を含んだJPEGデータを読み込ませることによって，脆弱性がないかをテストするツール

イ JVNなどに掲載された脆弱性情報の中に，利用者自身がPC又はサーバにインストールした製品に関する情報が含まれているかどうかを確認するツール

ウ OSやアプリケーションソフトウェアの脆弱性を悪用して攻撃するツール

エ Webサイトのアクセスログから，Webサイトの脆弱性を悪用した攻撃を検出するツール

サクッと正解

エクスプロイトキットとは，ソフトウェアなどの脆弱性を悪用して攻撃するツール。

イモヅル式解説

エクスプロイトキットは，攻撃者に脆弱性に関する知識がなくても，OSやアプリケーションソフトウェアの脆弱性を突いた攻撃ができる，複数のプログラムや管理機能を統合したツール（**ウ**）である。

iFuzzMaker	JPEGデータを読み込んで表示する機能をもつ製品に，セキュリティ上の問題を発生させる可能性のある値を含んだJPEGデータを意図的に与えることで，製品の脆弱性の有無をテストするツール（**ア**）。IPAが公開している。
脆弱性対策情報収集ツール〈=mjcheck3〉	JVNなどにある脆弱性情報から，インストールした製品に関する情報が含まれているかを確認できるツール（**イ**）。IPAが公開している。
iLogScanner	Webサイトのアクセスログから，Webサイトの脆弱性を突いた攻撃を検出するツール（**エ**）。IPAが公開している。

正解 **ウ**

Q112 暗号学的ハッシュ関数における**原像計算困難性**，つまり**一方向性**の性質はどれか。

ア　あるハッシュ値が与えられたとき，そのハッシュ値を出力するメッセージを見つけることが計算量的に困難であるという性質

イ　入力された可変長のメッセージに対して，固定長のハッシュ値を生成できるという性質

ウ　ハッシュ値が一致する2つの相異なるメッセージを見つけることが計算量的に困難であるという性質

エ　ハッシュの処理メカニズムに対して，外部からの不正な観測や改変を防御できるという性質

サクッと正解

　ハッシュ関数における**一方向性**とは，入力値からハッシュ値は出力できるが，ハッシュ値から入力値を得るのは困難である性質。

イモヅル式解説

　暗号学的ハッシュ関数における**原像計算困難性**（**一方向性**）とは，入力された元の値から同じハッシュ値を何度でも出力できるが，逆に，ハッシュ値から元の値を見つけることは計算量的に困難であるという性質（**ア**）である。

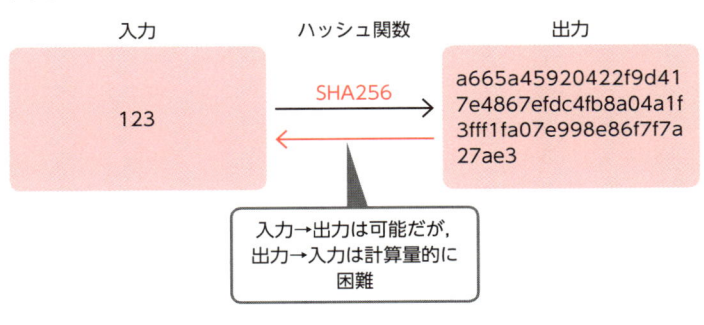

入力	ハッシュ関数	出力
123	SHA256	a665a45920422f9d417e4867efdc4fb8a04a1f3fff1fa07e998e86f7f7a27ae3

入力→出力は可能だが，
出力→入力は計算量的に
困難

イモヅル復習問題 → Q010　　　　　　　　　　正解　**ア**

Q113

ディジタルフォレンジックスの手順を収集，検査，分析，報告に分けたとき，そのいずれかに該当するものはどれか。

ア　サーバとネットワーク機器のログをログ管理サーバに集約し，リアルタイムに相関分析することによって，不正アクセスを検出する。

イ　ディスクを解析し，削除されたログファイルを復元することによって，不正アクセスの痕跡を発見する。

ウ　電子メールを外部に送る際に，本文及び添付ファイルを暗号化することによって，情報漏えいを防ぐ。

エ　プログラムを実行する際に，プログラムファイルのハッシュ値と脅威情報を突き合わせることによって，マルウェアを発見する。

サクッと正解

ディジタルフォレンジックスにおいて，ログファイルを復元して不正アクセスの痕跡を発見することは，手順の１つに該当する。

イモヅル式解説

ディジタルフォレンジックスとは，コンピュータに関する犯罪の法的な証拠を確保できるように，原因究明に必要な情報の収集，検査，分析をすることである。ディスクを解析し，削除されたログファイルを復元することで，不正アクセスの痕跡を発見する（**イ**）プロセスは，ディジタルフォレンジックスの収集フェーズに該当する。

ア　ネットワーク上のログをサーバに集約し，相関分析により不正アクセスを検出するのは，**イベントログ管理ツール**による収集。

ウ　電子メールを送信する際，本文及び添付ファイルを暗号化して情報漏えいを防ぐのは，電子メールのセキュリティ機能である**S/MIME**〈=Secure / Multipurpose Internet Mail Extensions〉である。

エ　プログラム実行時に，プログラムファイルのハッシュ値と脅威情報を突き合わせてマルウェアを発見するのは，**ウイルス対策ソフト**〔➡Q121〕の役割である。

正解　**イ**

Q114

JIS Q 27000:2019（情報セキュリティマネジメントシステム－用語）では，情報セキュリティは主に3つの特性を維持することとされている。それらのうちの2つは機密性と完全性である。残りの1つはどれか。

ア 可用性 イ 効率性
ウ 保守性 エ 有効性

サクッと正解

情報セキュリティの3つの特性は，機密性，完全性，可用性。

イモツル式解説

情報セキュリティマネジメントシステム〈=Information Security Management System ; ISMS〉は，情報の取り扱いについて，機密性，完全性，可用性（ア）を一定の水準で確保するための仕組みである。

国際規格のISO/IEC 27000シリーズや，同等の国内規格であるJIS Q 27000シリーズで規定している要求事項を満たし，体制の整備や継続的な実施などが求められている。

情報セキュリティの3つの特性をまとめて覚えよう。

機密性〈=Confidentiality〉	情報へのアクセスを許可されたユーザだけが，情報にアクセスできる特性。
完全性〈=Integrity〉	情報が正確さと完全さをもち，改ざんや破壊などがされていない特性。
可用性〈=Availability〉	ユーザが要求したときに情報にアクセスでき，使用できる特性。

なお，有効性〈=Effectiveness〉（エ）は，JIS Q 27000:2019で，「計画した活動を実行し，計画した結果を達成した程度」と定義されている。

正解 ア

Q115

経済産業省とIPAが策定した"**サイバーセキュリティ経営ガイドライン（Ver2.0)**"の説明はどれか。

ア　企業がIT活用を推進していく中で，サイバー攻撃から企業を守る観点で経営者が認識すべき３原則と，サイバーセキュリティ対策を実施する上での責任者となる担当幹部に，経営者が指示すべき重要10項目をまとめたもの

イ　経営者がサイバーセキュリティについて方針を示し，マネジメントシステムの要求事項を満たすルールを定め，組織が保有する情報資産をCIAの観点から維持管理し，それらを継続的に見直すためのプロセス及び管理策を体系的に規定したもの

ウ　事業体のITに関する経営者の活動を，大きくITガバナンス（統制）とITマネジメント（管理）に分割し，具体的な目標と工程として40のプロセスを定義したもの

エ　世界的規模で生じているサイバーセキュリティ上の脅威の深刻化に関して，企業の経営者を支援する施策を総合的かつ効果的に推進するための国の責務を定めたもの

サクッと正解

サイバーセキュリティ経営ガイドラインとは，サイバー攻撃から企業を守るための原則や重要項目をまとめた指針。

イモヅル式解説

サイバーセキュリティ経営ガイドラインは，サイバー攻撃から企業を守る観点で認識すべき原則や取り組むべき項目を記載したもの（**ア**）。

情報セキュリティ方針	組織が保有する情報資産を**機密性**，**完全性**，**可用性**〔➡Q114〕の3つの観点から維持管理する方法を体系的に規定したもの（**イ**）。
COBIT	目標や工程として40のプロセスを定義したベストプラクティス集（**ウ**）。
サイバーセキュリティ基本法	基本理念を定め，国の責務を明らかにし，サイバーセキュリティ戦略の基本事項を規定した法律（**エ**）。

イモヅル復習問題 ➡ Q114　　　　　　　　正解　**ア**

Q116 JPCERTコーディネーションセンターの説明はどれか。

ア 産業標準化法に基づいて経済産業省に設置されている審議会であり，産業標準化全般に関する調査・審議を行っている。

イ 電子政府推奨暗号の安全性を評価・監視し，暗号技術の適切な実装法・運用法を調査・検討するプロジェクトであり，総務省及び経済産業省が共同で運営する暗号技術検討会などで構成される。

ウ 特定の政府機関や企業から独立した組織であり，国内のコンピュータセキュリティインシデントに関する報告の受付，対応の支援，発生状況の把握，手口の分析，再発防止策の検討や助言を行っている。

エ 内閣官房に設置され，我が国をサイバー攻撃から防衛するための司令塔機能を担う組織である。

サクッと正解

JPCERT/CCは，国内のコンピュータセキュリティインシデントに関する対応を行う組織である。

イモヅル式解説

JPCERT/CCは，特定の政府機関や企業から独立し，国内のコンピュータセキュリティインシデントに関する報告の受付，対応の支援，発生状況の把握，手口の分析，再発防止策の検討や助言を行う（**ウ**）。

日本産業標準調査会 〈=JISC〉	産業標準化法に基づき，経済産業省に設置されている審議会。産業標準化全般に関する調査・審議を行っている（**ア**）。
CRYPTREC	電子政府推奨暗号の安全性を評価・監視し，暗号技術の適切な実装法・運用法を調査・検討するプロジェクト。総務省及び経済産業省が共同で運営する暗号技術検討会などで構成される（**イ**）。
内閣サイバーセキュリティセンター 〈=NISC〉	日本をサイバー攻撃から防衛するための司令塔機能を担う組織（**エ**）。内閣官房に設置されている。

イモヅル 復習問題 ➡ Q115

正解 **ウ**

Q117 DNSSECについての記述のうち，適切なものはどれか。

ア DNSサーバへの問合せ時の送信元ポート番号をランダムに選択することによって，DNS問合せへの不正な応答を防止する。

イ DNSの再帰的な問合せの送信元として許可するクライアントを制限することによって，DNSを悪用したDoS攻撃を防止する。

ウ 共通鍵暗号方式によるメッセージ認証を用いることによって，正当なDNSサーバからの応答であることをクライアントが検証できる。

エ 公開鍵暗号方式によるディジタル署名を用いることによって，正当なDNSサーバからの応答であることをクライアントが検証できる。

サクッと正解

DNSSECとは，DNSサーバの応答の正当性を検証できる機能。

イモヅル式解説

DNSSEC〈=DNS Security Extensions〉は，ドメイン名とIPアドレスを変換する**DNSサーバ**から受け取る**リソースレコード**に対する**ディジタル署名**〔➡Q108〕を利用し，リソースレコードの送信者の正当性とデータの完全性を検証する（**エ**）機能である。

ア DNSサーバへの問合せ時の送信元ポート番号をランダムに選択することで，DNS問合せへの不正な応答を防止するのは，**ソースポートランダマイゼーション**である。

イ DNSの再帰的な問合せの送信を制限することで，DNSを悪用した**DoS攻撃**や，DNSサーバに偽装したドメイン情報を入力してWebサーバに誘導する**キャッシュポイズニング攻撃**〔➡Q105〕を防止できるが，この対策はDNSSECの機能ではない。

ウ 共通鍵暗号方式によるメッセージ認証はDNSSECの機能ではない。なお，メッセージの改ざんの有無は検証できるが，正当なDNSサーバからの応答か否かは検証できない。

イモヅル復習問題 ➡ Q098，Q105

正解 **エ**

Q118 クレジットカードの対面決済時の不正利用に対して，カード加盟店が実施する対策のうち，最も有効なものはどれか。

ア ICチップを搭載したクレジットカードによる決済時の本人確認のために，サインではなくオフラインPINを照合する。

イ クレジットカードのカード番号を加盟店で保持する。

ウ クレジットカードの決済ではICチップではなく磁気ストライプの利用を利用者に促す。

エ 利用者の取引履歴からクレジットカードの不正利用を検知するオーソリモニタリングを実施する。

サクッと正解

対面決済時の不正利用を防止する対策として，本人確認のためにICチップを搭載したクレジットカードでオフラインPINを照合することは適切である。

イモヅル式解説

オフラインPIN〈＝Personal Identification Number〉は，クレジットカードのICチップに記録されている暗証番号のこと。本人しか知らない番号であり，サインを見比べるより安全性が高いため，決済端末に入力して本人確認（**ア**）に使われる。

イ クレジットカードのカード番号を加盟店で保持することは，日本カード情報セキュリティ協議会が策定した**PCI DSS**では，逆にリスクを高めるとして，カード加盟店でカード番号を保持しないよう促している。

ウ クレジットカードの決済では，**磁気ストライプ**の利用は，ICチップより安全性が低いため，誤り。

エ 決済時に不正利用を検知する**オーソリモニタリング**は，カード会社が保有している情報をもとに行う対策なので，カード加盟店が実施する対策ではない。

正解 **ア**

Q119 無線LAN環境における**WPA2-PSKの機能**はどれか。

ア アクセスポイントに設定されているSSIDを共通鍵とし，通信を暗号化する。

イ アクセスポイントに設定されているのと同じSSIDとパスワード（Pre-Shared Key）が設定されている端末だけに接続を許可する。

ウ アクセスポイントは，IEEE 802.11acに準拠している端末だけに接続を許可する。

エ アクセスポイントは，利用者ごとに付与されたSSIDを確認し，無線LANへのアクセス権限を識別する。

サクッと正解

WPA2-PSKは，アクセスポイントと同じSSIDとパスワードが設定されている端末だけ接続を許可する機能をもつ。

イモツル式解説

WPA2-PSK〈＝Wi-Fi Protected Access2 Pre-Shared Key〉は，無線LANの暗号方式の規格の１つ。ネットワークの識別子である**SSID**と，あらかじめ設定されているパスワード（**Pre-Shared Key**）が，アクセスポイントと同じ端末だけ接続を許可する（**イ**）。

ア アクセスポイントに設定されているSSIDは，共通鍵ではなく，通信の暗号化には使用しない。

ウ 端末の認証にはパスワードを用いるので，**IEEE 802.11ac**〔➡Q090〕に準拠している端末だけ接続を許可することは，WPA2-PSKの機能ではない。

エ 利用者ごとに付与されたSSIDを確認し，無線LANへのアクセス権限を識別することは，**IEEE 802.11**〔➡Q090〕の機能であり，WPA2-PSKの機能ではない。

イモツル復習問題 ➡ Q095

正解 **イ**

Q120

Webシステムにおいて，**セッションの乗っ取りの機会を減らすために，**利用者の**ログアウト時にWebサーバ又はWebブラウザにおいて行うべき処理はどれか。**ここで，利用者は自分専用のPCにおいて，**Webブラウザを利用しているものとする。**

ア WebサーバにおいてセッションIDを内蔵ストレージに格納する。

イ WebサーバにおいてセッションIDを無効にする。

ウ WebブラウザにおいてキャッシュしているWebページをクリアする。

エ WebブラウザにおいてセッションIDを内蔵ストレージに格納する。

サクッと正解

Webシステムにおいて，セッションの乗っ取りの機会を減らすには，ログアウト時にセッションIDを無効にすることが適切である。

イモヅル式解説

セッションの乗っ取りのことを，**セッションハイジャック**などと呼ぶ。ログイン中のセッションが第三者に乗っ取られている状態でも，**セッションID**が正しければ，Webシステムは正規の利用者なのか攻撃者なのかの区別がつかない。これに対して，利用者のログアウト時にWebサーバでセッションIDを無効にする（**イ**）ことは，攻撃者がWebシステムを不正に利用することを防ぐ対策となる。

ア，エ WebサーバやWebブラウザでセッションIDを内蔵ストレージに格納することは，内蔵ストレージの情報でセッションの乗っ取りが行われる可能性を高めることになるので誤り。

ウ WebブラウザでWebページの表示を早くするためのキャッシュをクリアすることは，セッションの乗っ取りの機会を減らすことに直接関係がない。

正解 **イ**

Q 121　WAFの説明はどれか。

ア　Webアプリケーションへの攻撃を検知し，阻止する。
イ　Webブラウザの通信内容を改ざんする攻撃をPC内で監視し，検出する。
ウ　サーバのOSへの不正なログインを監視する。
エ　ファイルへのマルウェア感染を監視し，検出する。

サクッと正解

WAFは，Webアプリケーションへの攻撃を検知し，阻止するファイアウォールである。

イモヅル式解説

　WAF〈＝Web Application Firewall〉は，Webサイトへのアクセス内容を監視し，攻撃とみなされるパターンを検知したときに当該アクセスを遮断する（**ア**）**ファイアウォール**である。
イ　Webブラウザの通信内容を改ざんする攻撃をPC内で監視して検出するのは，**SSL/TLS**の機能である。
ウ　サーバのOSへの不正なログインを監視するのは，**HIDS**〈＝Host-based Intrusion Detection System〉の機能である。
エ　ファイルへのマルウェア感染を監視して検出するのは，**ウイルス対策ソフト**やOSのセキュリティ対策の機能である。

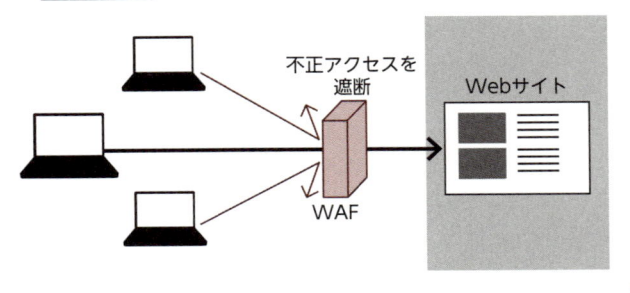

不正アクセスを遮断　　Webサイト

WAF

正解　**ア**

でる度 ★★☆

Q122 インターネットとの接続において，**ファイアウォールのNAPT機能**によるセキュリティ上の効果はどれか。

ア DMZ上にある公開Webサーバの脆弱性を悪用する攻撃から防御できる。

イ インターネットから内部ネットワークへの侵入を検知し，検知後の通信を遮断できる。

ウ インターネット上の特定のWebサービスを利用するHTTP通信を検知し，遮断できる。

エ 内部ネットワークからインターネットにアクセスする利用者PCについて，インターネットからの不正アクセスを困難にすることができる。

サクッと正解

NAPTによるセキュリティ効果の1つは，インターネットから内部ネットワークへの不正アクセスの防止である。

イモヅル式解説

NAPT〔➡Q093〕は，プライベートIPアドレスとグローバルIPアドレスを相互に変換する機能である。プライベートIPアドレスを使う内部ネットワークから，グローバルIPアドレスを使ってインターネットにアクセスするPCについて，既知の**ポート番号**が宛先になっていないパケットを遮断することで，インターネットからの不正アクセスを困難にできる（**エ**）。

ア **DMZ**〈=DeMilitarized Zone〉上にある公開Webサーバの脆弱性を突く攻撃を防御できるのは，**WAF**〔➡Q121〕の機能である。

イ インターネットから内部ネットワークへの侵入を検知し，検知後の通信を検知して遮断できるのは，**IPS**〔➡Q104〕の機能である。

ウ インターネット上の特定のWebサービスを利用するHTTP通信を検知して遮断できるのは，**URLフィルタリング**の機能である。

📖 イモヅル
復習問題 ➡ Q121

正解 **エ**

Q123

内部ネットワークのPCからインターネット上のWebサイトを参照するときに，DMZ上に設置したVDI (Virtual Desktop Infrastructure) サーバ上のWebブラウザを利用すると，**未知のマルウェアがPCにダウンロードされるのを防ぐ**というセキュリティ上の効果が期待できる。この効果を生み出す**VDIサーバの動作の特徴**はどれか。

ア Webサイトからの受信データのうち，実行ファイルを削除し，その他のデータをPCに送信する。

イ Webサイトからの受信データは，IPsecでカプセル化し，PCに送信する。

ウ Webサイトからの受信データは，受信処理ののち生成したデスクトップ画面の画像データだけをPCに送信する。

エ Webサイトからの受信データは，不正なコード列が検知されない場合だけPCに送信する。

サクッと正解

VDIサーバは，Webサイトからデータを受信後，生成した**デスクトップ画面の画像データだけをPCへ送信**する。

イモヅル式解説

VDI〈＝Virtual Desktop Infrastructure；仮想デスクトップ基盤〉は，ディスプレイに仮想のデスクトップ環境や表示領域を個別に提供する仕組みである。内部から外部にアクセスした場合，DMZ〔➡Q122〕上にあるVDIサーバは，外部からの受信データの処理後，VDIサーバで生成したデスクトップ画面の画像データだけをPCに送信する（**ウ**）。この結果，未知のマルウェアがPCにダウンロードされるのを防ぐことが期待できる。

Webサイトからの受信データのうち，実行ファイルの削除（**ア**），不正なコード列が検知されない場合だけPCへ送信（**エ**）などを行うのは，**ウイルス対策ソフト**〔➡Q121〕の動作である。外部からの受信データを**IPsec**〔➡Q099〕でカプセル化してPCに送信する（**イ**）のは，IPsecによって暗号化された場合の動作である。

イモヅル復習問題 ➡ Q122
正解 **ウ**

セキュリティ

でる度 ★★★

Q 124

VPNで使用されるセキュアなプロトコルである **IPsec，L2TP，TLSの，OSI基本参照モデルにおける相対的な位置関係はどれか。**

ア A
イ B
ウ C
エ D

OSI基本参照モデル

上位層
（アプリケーション層）
↑
↓
下位層（物理層）

	A	B	C	D
	IPsec	IPsec	TLS	TLS
	L2TP	TLS	IPsec	L2TP
	TLS	L2TP	L2TP	IPsec

サクッと正解

IPsecは第3層，**L2TP**は第2層，**TLS**は第4層に位置するプロトコル。

イモヅル式解説

　OSI基本参照モデルは，通信プロトコルを7つのレイヤー（層）で分類・定義するモデルである。

第7層	**アプリケーション層**：具体的な通信サービス
第6層	**プレゼンテーション層**：データの表現方法
第5層	**セッション層**：通信の開始・終了の管理
第4層	**トランスポート層**：通信の信頼性の管理
第3層	**ネットワーク層**：通信経路の選択・中継
第2層	**データリンク層**：接続された機器間の通信
第1層	**物理層**：電気信号への変換，物理的な接続

　VPN〈＝Virtual Private Network〉とは，公衆網を使った仮想プライベートネットワークのこと。**IPsec**〔⇒Q099〕は，IPv6〔⇒Q096〕を利用して通信を行う場合，**第3層**であるネットワーク層で通信の暗号化を行う。**L2TP**〈＝Layer 2 Tunneling Protocol〉は，**第2層**であるデータリンク層でトンネリングを行う。**TLS**〈＝Transport Layer Security〉〔⇒Q099〕は，**第4層**のトランスポート層で動作するプロトコルである。

イモヅル
復習問題 ⇒ Q099，Q121

正解 **ウ**

Q125

ソフトウェアの要求分析や設計に利用されるモデルに関する記述のうち，**ペトリネット**の説明として，適切なものはどれか。

ア　外界の事象をデータ構造として表現する，データモデリングのアプローチをとる。その表現は，エンティティ，関連及び属性で構成される。

イ　システムの機能を入力データから出力データへの変換とみなすとともに，機能を段階的に詳細化して階層的に分割していく。

ウ　対象となる問題領域に対して，プロセスではなくオブジェクトを用いて解決を図るというアプローチをとる。

エ　並行して進行する事象間の同期を表す。その構造はプレースとトランジションという2種類の節点をもつ有向2部グラフで表される。

サクッと正解

ペトリネットとは，並行して進行する事象間の同期を表すグラフ。

イモヅル式解説

ペトリネットとは，視覚的，数学的な離散事象システムをモデル化するツールの1つ。並行して進行する事象間の同期を表現する。構造は，円形で表記された**プレース**，棒や箱形で表記された**トランジション**の2種類の節点を，**アーク**と呼ばれる矢印でつないだ有向2部グラフで表される（**エ**）。

ア　実体（エンティティ），関連（リレーション）及び属性で構成され，外界の事象をデータ構造で表現するのは，**E-R図**〈＝Entity-Relationship Diagram〉である。

イ　システムの機能を，入力データ（Source），出力データ（Sink），変換処理（Transform）の3種類のモジュールとみなし，機能を段階的に詳細化して階層的に分割していく手法は，**STS分割**である。

ウ　対象となる問題領域に対して，オブジェクトを用いて解決を図るというアプローチをとるのは，**オブジェクト指向分析**である。

正解　**エ**

Q126 ICカードの耐タンパ性を高める対策はどれか。

ア ICカードとICカードリーダとが非接触の状態で利用者を認証して，利用者の利便性を高めるようにする。

イ 故障に備えてあらかじめ作成した予備のICカードを保管し，故障時に直ちに予備カードに交換して利用者がICカードを使い続けられるようにする。

ウ 信号の読出し用プローブの取付けを検出するとICチップ内の保存情報を消去する回路を設けて，ICチップ内の情報を容易には解析できないようにする。

エ 利用者認証にICカードを利用している業務システムにおいて，退職者のICカードは業務システム側で利用を停止して，他の利用者が利用できないようにする。

サクッと正解

耐タンパ性とは，不正な手段による解析や改ざんなどに耐えられる**セキュリティレベルの強度**。

イモヅル式解説

耐タンパ性は，**セキュリティレベル**を表す指標であり，ICカードの情報の解読や偽造などに対して，情報を物理的に保護する機能の強度である。読出し用プローブの取付けを検出するとICチップ内の保存情報を消去する回路を設け，情報を容易に解析できないようにする（**ウ**）ことは，ICカードの耐タンパ性を高める対策である。

ア ICカードとICカードリーダが非接触の状態で認証し，利用者の利便性を高めることは，ICカードの**利便性**を高める対策である。

イ 故障に備えてあらかじめ作成した予備のICカードを保管し，故障時に直ちに予備カードに交換してICカードを使い続けられるようにすることは，ICカードの**可用性**〔➡Q114〕を高める対策である。

エ 退職者の利用者確認用のICカードを，業務システム側で利用を停止することは，業務システムの**安全性**を高める対策である。

イモヅル復習問題 ➡Q113

正解 **ウ**

Q127 CRUDマトリクスの説明はどれか。

ア ある問題に対して起こり得るすべての条件と，それに対する動作の関係を表形式で表現したものである。

イ 各機能が，どのエンティティに対して，どのような操作をするかを一覧化したものであり，操作の種類には生成，参照，更新及び削除がある。

ウ システムやソフトウェアを構成する機能（又はプロセス）と入出力データとの関係を記述したものであり，データの流れを明確にすることができる。

エ データをエンティティ，関連及び属性の3つの構成要素でモデル化したものであり，業務で扱うエンティティの相互関係を示すことができる。

サクッと正解

CRUDは，C（生成），R（参照），U（更新），D（削除）の頭文字。

イモヅル式解説

CRUDとは，**DBMS**〔➡Q080〕が提供する機能の1つ。**CRUDマトリクス**は，エンティティに対する操作の対応関係を検証するための表で，操作は，データの①生成（Create），②参照（Read），③更新（Update），④削除（Delete）（**イ**）の4種類に分類される。

ディシジョンテーブル（決定表）	ある問題に対して起こり得るすべての条件と，それぞれに対応する動作や判定結果などの組合せを表形式で一覧にしたもの（**ア**）。
DFD（=Data Flow Diagram）	システムやソフトウェアを構成する機能やプロセスと，入出力データとの関係を記述した図（**ウ**）。
E-R図〔➡Q125〕	データをエンティティ，関連，属性の3つの構成要素でモデル化したもの（**エ**）。
バーンダウンチャート〔➡Q136〕	縦軸に残作業量，横軸に時間をとり，プロジェクトの進捗状況を示した図。

イモヅル復習問題 ➡ Q125　　　　　　　　　　正解　**イ**

Q128

JIS X 25010:2013（システム及びソフトウェア製品の品質要求及び評価（SQuaRE）－システム及びソフトウェア品質モデル）で規定されたシステム及びソフトウェア製品の品質特性の1つである"**機能適合性**"の説明はどれか。

ア 同じハードウェア環境又はソフトウェア環境を共有する間，製品，システム又は構成要素が他の製品，システム又は構成要素の情報を交換することができる度合い，及び／又はその要求された機能を実行することができる度合い

イ 人間又は他の製品若しくはシステムが，認められた権限の種類及び水準に応じたデータアクセスの度合いをもてるように，製品又はシステムが情報及びデータを保護する度合い

ウ 明示された時間帯で，明示された条件下に，システム，製品又は構成要素が明示された機能を実行する度合い

エ 明示された状況下で使用するとき，明示的ニーズ及び暗黙のニーズを満足させる機能を，製品又はシステムが提供する度合い

サクッと正解

機能適合性とは，ニーズを満足させる機能を提供する度合い。

イモヅル式解説

JIS X 25010:2013では，システム及び／またはソフトウェアの品質特性を，機能適合性，性能効率性，互換性，使用性，信頼性，セキュリティ，保守性，移植性の8つの特性に分類している。このうち機能適合性は，明示された状況下で使用するとき，明示的ニーズ及び暗黙のニーズを満足させる機能を提供する度合い（**エ**）である。

互換性	同じ環境を共有する間，製品やシステムなどがほかの製品などと情報の交換，機能の実行などを行える度合い（**ア**）。
セキュリティ	人間やシステムが，認められた権限や水準に応じたデータにできるように，情報及びデータを保護する度合い（**イ**）。
信頼性	明示された時間帯の条件下に，システムや製品，構成要素が明示された機能を実行する度合い（**ウ**）。

正解 **エ**

Q129

ソフトウェアの品質特性のうちの保守性に影響するものはどれか。

ア ソフトウェアが，特定の作業に特定の利用条件でどのように利用できるかを利用者が理解しやすいかどうか。

イ ソフトウェアにある欠陥の診断又は故障原因の追究，及びソフトウェアの修正箇所を識別しやすいかどうか。

ウ ソフトウェアに潜在する障害の結果として生じる故障が発生しやすいかどうか。

エ ソフトウェアの機能を実行する際に，資源の量及び資源の種類を適切に使用するかどうか。

サクッと正解

ソフトウェアの**保守性**に影響することは，欠陥の診断や故障原因の追究，修正箇所の識別などが行いやすいかどうかである。

イモヅル式解説

ソフトウェアの品質特性〔➡Q128〕は，JIS X 25010:2013(ISO/IEC 25010)での8つの特性と，習得性，成熟性，**可用性**〔➡Q114〕，**機密性**〔➡Q114〕，**完全性**〔➡Q114〕，真正性など，32の副特性として規定されている。ソフトウェアにある欠陥の診断や故障原因の追究，ソフトウェアの修正箇所を識別しやすいかどうか（**イ**）は，**保守性**に影響を与えるものである。

ア ソフトウェアが，特定の作業に，特定の利用条件で，どのように利用できるかを，利用者が理解しやすいかどうかは，**使用性**に影響を与える。

ウ ソフトウェアに潜在する障害の結果，生じる故障が発生しやすいかどうかは，**信頼性**〔➡Q128〕に影響を与える。

エ ソフトウェアの機能を実行する際に，資源の量や種類を適切に使用するかどうかは，**性能効率性**に影響を与えるものである。

イモヅル復習問題 ➡ Q128　　　　　正解 **イ**

Q130 モジュール設計に関する記述のうち，**モジュール強度（結束性）が最も強い**ものはどれか。

ア ある木構造データを扱う機能をデータとともに1つにまとめ，木構造データをモジュールの外から見えないようにした。

イ 複数の機能のそれぞれに必要な初期設定の操作が，ある時点で一括して実行できるので，1つのモジュールにまとめた。

ウ 2つの機能A，Bのコードは重複する部分が多いので，A，Bを1つのモジュールにまとめ，A，Bの機能を使い分けるための引数を設けた。

エ 2つの機能A，Bは必ずA，Bの順番に実行され，しかもAで計算した結果をBで使うことがあるので，1つのモジュールにまとめた。

サクッと正解

選択肢の中では，特定のデータ構造と機能を1つにまとめた設計が，**モジュール強度**が最も強い。

イモヅル式解説

モジュール強度は，プログラムの部品であるモジュールの関連性の強さである。最も強いものから順に，①機能的，②情報的，③連絡的，④手順的，⑤時間的，⑥論理的，⑦暗合的，と定義される。

次のように選択肢を検討すると，強度が最も強いのは**ア**となる。

ア 木構造〔➡Q040〕データを扱う機能とデータを1つにまとめて外から隠すのは，**情報的**（②）強度のあるモジュール設計である。

イ 複数の機能それぞれに必要な初期設定の操作が，ある時点で一括して実行できるので1つにまとめるのは，**時間的**（⑤）強度のあるモジュール設計である。

ウ 機能の重複するモジュールを1つにまとめ，2つの引数で使い分けるのは，**論理的**（⑥）強度のあるモジュール設計である。

エ 2つの機能が常に既定の順番に実行され，計算結果を共有することもあるため，1つのモジュールにまとめるのは，**連絡的**（③）強度のあるモジュール設計である。

正解 **ア**

Q131

作業成果物の**作成者以外の参加者**がモデレータとしてレビューを主導する役割を受け持つこと，並びに公式な記録及び分析を行うことが特徴の**レビュー技法**はどれか。

ア　インスペクション　　イ　ウォークスルー
ウ　パスアラウンド　　　エ　ペアプログラミング

サクッと正解

作成者以外の参加者がモデレータとして**主導**する役割を受け持つレビュー技法は，**インスペクション**である。

イモヅル式解説

インスペクション（ア）は，議長として進行を担う**モデレータ**が，全体のコーディネートを行い，参加者が明確な役割をもってチェックリストなどに基づいてコメントし，公式な記録を残すレビュー技法である。レビュー対象の成果物の問題発見などを担う評価者を**インスペクタ**という。

ウォークスルー（イ）	作成者を含めた複数人の関係者が参加して会議形式で行う。レビュー対象となる成果物を作成者が説明し，参加者が質問やコメントをするというレビュー技法。
パスアラウンド（ウ）	レビュー対象となる成果物を複数のレビュアに配布または回覧し，レビュアがコメントするレビュー技法。
ペアプログラミング（エ）〔➡Q139〕	2人のプログラマが，その場で相談したりレビューしたりしながら開発を行う手法。
ピアレビュー	同じ職場内の様々なスキルや知識をもつ評価者によって，成果物を検証する手法。
ラウンドロビン	参加者が順番に司会者とレビュアを受け持つレビュー技法。司会者の進行により，レビュア全員が順番にコメントをし，全員が発言したら，司会者を交代して次のテーマに移る。

正解　**ア**

Q132

ソフトウェア保守で修正依頼を保守のタイプに分けるとき，次のa～dに該当する**保守のタイプの，適切な組合せ**はどれか。

〔保守のタイプ〕

保守を行う時期	修正依頼の分類	
	訂正	改良
潜在的な障害が顕在化する前	a	b
問題が発見されたとき	c	—
環境の変化に合わせるとき	—	d

	a	b	c	d
ア	完全化保守	予防保守	是正保守	適応保守
イ	完全化保守	予防保守	適応保守	是正保守
ウ	是正保守	完全化保守	予防保守	適応保守
エ	予防保守	完全化保守	是正保守	適応保守

サクッと正解

　障害の顕在化前の訂正は**予防保守**で，改良は**完全化保守**，問題発見による訂正は**是正保守**，環境変化による改良は**適応保守**と定義される。

イモツル式解説

　修正依頼は，**訂正**と**改良**に分類できる。さらに，是正保守，予防保守，適応保守または完全化保守に分けられる。

是正保守	ソフトウェア製品の引渡し後に発見された問題を訂正するために行う受身の修正（**c**）。
予防保守	ソフトウェア製品の引渡し後に，製品の潜在的な障害が顕在化する前に発見し，是正を行うための修正（**a**）。
適応保守	ソフトウェア製品の引渡し後，たとえばOSの更新があった場合など，変化する環境において，製品を使用できる状態に保ち続けるために実施する修正（**d**）。
完全化保守	ソフトウェア製品の引渡し後，製品の性能や機能などを向上させるために改良する修正（**b**）。

📖 イモツル復習問題 ⇒ Q047　　　　　正解　**エ**

Q133 ドキュメンテーションジェネレーターの説明として，適切なものはどれか。

ア HTML，CSSなどのリソースを読み込んで，画面などに描画または表示するソフトウェア

イ ソースコード中にある，フォーマットに従って記述されたコメント文などから，プログラムのドキュメントを生成するソフトウェア

ウ 動的にWebページを生成するために，文書のテンプレートと埋込み入力データを合成して出力するソフトウェア

エ 文書構造がマーク付けされたテキストファイルを読み込んで，印刷可能なドキュメントを組版するソフトウェア

サクッと正解

ドキュメンテーションジェネレーターとは，ソースコード中のコメント文などから プログラムのドキュメントを生成する ソフトウェア。

イモヅル式解説

ドキュメンテーションジェネレーターは，ソースコード中にあるコメント文などをもとに，プログラムのドキュメントを自動的に生成するソフトウェア（**イ**）の総称である。

ア HTMLやCSSなどのリソースを読み込み，画面などに描画・表示するソフトウェアは，Webブラウザなどである。

ウ 動的にWebページを生成するため，文書のテンプレートと埋込み入力データを合成してHTMLなどを出力するソフトウェアは，**テンプレートエンジン**と呼ばれる。

エ 文書構造がマーク付けされたテキストファイルを読み込み，印刷可能なドキュメントの組版を行うソフトウェアには，**TeX**などがあり，学術分野で利用されている。

正解 **イ**

でる度 ★★★

Q134

(1)～(7)に示した7つの原則を適用して，**アジャイル開発プラクティスを実践する考え方**はどれか。

(1) ムダをなくす　　　(2) 品質を作り込む
(3) 知識を作り出す　　(4) 決定を遅らせる
(5) 早く提供する　　　(6) 人を尊重する
(7) 全体を最適化する

ア　エクストリームプログラミング
イ　スクラム
ウ　フィーチャ駆動型開発
エ　リーンソフトウェア開発

サクッと正解

アジャイル開発プラクティスを実践する考え方の1つとして，**リーンソフトウェア開発**がある。

イモヅル式解説

アジャイル開発は，開発対象のソフトウェアを，短期間で開発できる小さな機能の単位に分割し，各機能の開発が終了するごとにリリースとテストを繰り返すことで，ソフトウェアを完成させていく開発手法である。1つの機能の開発終了時に，次の開発対象とする機能の優先度や内容を見直すことで，ビジネス環境の変化や利用者からの要望に対して迅速に対応することに主眼を置いている。

リーンソフトウェア開発（**エ**）は，付加価値のない作業をできるだけ排除して生産性を上げる開発手法であり，ムダをなくす**アジャイル開発プラクティス**（実践方法）を採用した考え方である。

エクストリームプログラミング（**ア**）は，**ペアプログラミング**〔➡Q139〕の実践など，アジャイル開発の1つで，5つの価値と19のプラクティスを定義している。**スクラム**（**イ**）〔➡Q135〕は，アジャイル開発をチームで推進するフレームワークである。**フィーチャ駆動型開発**〈＝Feature Driven Development；FDD〉（**ウ**）は，顧客にとっての機能的価値をもとにしたアジャイルソフトウェア開発の手法の1つである。

正解　**エ**

Q135 スクラムチームにおける**プロダクトオーナの役割**はどれか。

ア ゴールとミッションが達成できるように，プロダクトバックログのアイテムの優先順位を決定する。

イ チームのコーチやファシリテータとして，スクラムが円滑に進むように支援する。

ウ プロダクトを完成させるための具体的な作り方を決定する。

エ リリース判断可能な，プロダクトのインクリメントを完成する。

サクッと正解

スクラムチームにおける**プロダクトオーナ**の役割の1つは，プロダクトバックログのアイテムの優先順位を並べ替えることである。

イモヅル式解説

アジャイル開発〔→Q134〕における**スクラム**とは，プロダクトオーナなどの役割，スプリントレビューなどのイベント，機能や改善要素などの優先順位を決めたプロダクトバックログなどの作成物，及びルールからなるソフトウェア開発のフレームワークである。スクラムチームにおける**プロダクトオーナ**は，チームがスクラムの価値を理解し，プロセスを適切に実践して，開発投資に対する効果を最大にすることに責任をもち，ミッションが達成できるように，プロダクトバックログのアイテムの優先順位などを決定する（**ア**）。

チームのコーチやファシリテータとして，スクラムが円滑に進むように支援する（**イ**）のは，**スクラムマスター**の役割である。プロダクトを完成させるための具体的な作り方を決定したり（**ウ**），リリース判断の可能なプロダクト（成果物）である**インクリメント**を完成させたり（**エ**）することは，**開発チーム**の役割である。

ちょっと深掘り インクリメント

増加，増分の意味。プログラミングでは，数値に1を加える操作のこと。スクラム開発では，リリース可能な状態にあるプロダクト（成果物）のことをいう。

イモヅル復習問題 → Q134　　　　　　　　　　　正解　**ア**

Q136

アジャイル開発におけるプラクティスの1つである**バーンダウンチャート**はどれか。ここで，図中の破線は予定又は予想を，実線は実績を表す。

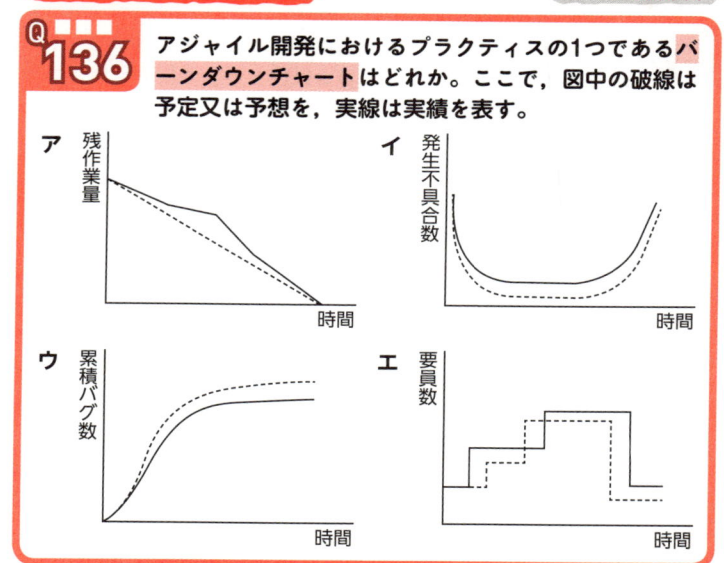

ア　残作業量／時間
イ　発生不具合数／時間
ウ　累積バグ数／時間
エ　要員数／時間

サクッと正解

　バーンダウンチャートとは，縦軸に残作業量，横軸に時間をとった進捗管理図。

イモヅル式解説

　バーンダウンチャートとは，**アジャイル開発**〔➡Q134〕におけるプラクティスの1つで，縦軸に**残作業量**，横軸に**時間**をとり，作業の進捗を視覚的に把握するためのグラフ。名称の「ダウン」から「下降」を示すグラフ（**ア**）を選んでも正解にたどり着ける。

イ　初期不良と経年劣化を示す**バスタブ曲線**（**故障率曲線**）〔➡Q205〕。

ウ　時間の経過によるバグ数でテストの進捗を把握する**バグ管理図**。

エ　生産管理などで用いられる**リソースヒストグラム**の1つ。縦軸が要員数であることから要員ヒストグラムであるとわかる。

📖 **イモヅル復習問題** ➡ Q134，Q135　　　　　　正解　**ア**

Q137

エラー埋込み法による残存エラーの予測において，テストが十分に進んでいると仮定する。**当初の埋込みエラー数は48個である。**テスト期間中に発見されたエラーの内訳は，**埋込みエラー数が36個，真のエラーが42個である。**このとき，**残存する真のエラー数は何個と推定されるか。**

ア 6 **イ** 14 **ウ** 54 **エ** 56

サクッと正解

発見された埋込みエラー÷埋込みエラーの総数＝発見された真のエラー÷真のエラーの総数で**真のエラーの総数X**を求め，そこから発見された真のエラー数を引く。

イモヅル式解説

エラー埋め込み法とは，テスト対象のプログラムに意図的にエラーを埋め込んでテストを実施し，埋め込んだエラーの発見数をもとに，意図的ではない未発見の真のエラーの数を推測する手法。

真のエラーの総数をXとすると，次式が成り立つ。

発見された埋込みエラー÷**埋込みエラーの総数**

＝**発見された真のエラー**÷真のエラーの総数X

これに設問で提示された数値を当てはめると次のようになる。

$36 \div 48 = 42 \div X$

$36 \times X = 42 \times 48$

$X = 56$

この計算から，真のエラーの総数は**56**個と推定されるので，残存する真のエラー数は，次のように計算できる。

真のエラーの総数56個－発見された真のエラー 42個＝14個（**イ**）

正解 **イ**

開発技術

でる度 ★★★

Q138

アジャイル開発の初期段階において，プロジェクトの目的，スコープなどに対する共通認識を得るために，あらかじめ設定されている設問と課題について関係者が集まって確認し合い，その成果を共有する手法はどれか。

ア　アジャイルモデリング
イ　インセプションデッキ
ウ　プランニングポーカー
エ　ユーザーストーリーマッピング

サクッと正解

プロジェクトの関係者が共通認識をもてるよう課題や成果などを確認・共有する手法は，**インセプションデッキ**である。

イモヅル式解説

インセプションデッキは，「我々はなぜここにいるのか」「何がどれだけ必要か」など，プロジェクトの目的や作業内容，成果などに対する共通認識を得るため，あらかじめ設定されている設問と課題について関係者が集まって確認・共有する手法である。

ア　**アジャイルモデリング**は，**アジャイル開発**〔→Q136〕によりシステムやソフトウェアの設計を迅速かつ柔軟に行う手法である。

ウ　**プランニングポーカー**は，プロジェクトメンバーの意見をカードにより提示し，議論して合意を目指していく手法である。プロジェクトチームが各作業の規模などを見積もる際に用いられる。

エ　**ユーザーストーリーマッピング**は，ユーザーの視点から製品やサービスの機能を整理し，実装する機能や開発の優先順位を決める手法である。

イモヅル復習問題　→ Q134，Q135，Q136

正解　イ

Q139 アジャイル開発などで導入されている "ペアプログラミング" の説明はどれか。

ア 開発工程の初期段階に要求仕様を確認するために，プログラマと利用者がペアとなり，試作した画面や帳票を見て，相談しながらプログラムの開発を行う。

イ 効率よく開発するために，2人のプログラマがペアとなり，メインプログラムとサブプログラムを分担して開発を行う。

ウ 短期間で開発するために，2人のプログラマがペアとなり，交互に作業と休憩を繰り返しながら長時間にわたって連続でプログラムの開発を行う。

エ 品質の向上や知識の共有を図るために，2人のプログラマがペアとなり，その場で相談したりレビューしたりしながら，1つのプログラムの開発を行う。

サクッと正解

ペアプログラミングとは，ペアとなった2人のプログラマが，その場で相談したりレビューしたりしながら開発を行う手法。

イモヅル式解説

迅速で適応的なソフトウェア開発の手法である**アジャイル開発**〔→Q134〕における**ペアプログラミング**は，2人のプログラマがペアとなり，エディタの画面を共有し，一方が記述したコードに対して，他方が助言するなどを繰り返してプログラム開発を進める（**エ**）手法である。ペアを組んで2人で共同して実装を行うことで，**作業の停滞**を防げたり，**教育効果**が得られたりするなどの相乗効果が期待できる。

ペアプログラミングでは開発者であるプログラマがペアになるため，プログラマと利用者がペアとなる（**ア**）のは誤り。また，ペアプログラミングは交互に役割を担うのであり，メインプログラムとサブプログラムを分担する（**イ**）わけではない。さらに，交互に作業と休憩を繰り返す（**ウ**）わけでもない。

正解 **エ**

Q140

自社開発したソフトウェアの他社への使用許諾に関する説明として，適切なものはどれか。

ア 既に自社の製品に搭載して販売していると，ソフトウェア単体では使用許諾できない。

イ 既にハードウェアと組み合わせて特許を取得していると，ソフトウェア単体では使用許諾できない。

ウ ソースコードを無償で使用許諾すると，無条件でオープンソースソフトウェアになる。

エ 特許で保護された技術を使っていないソフトウェアであっても，使用許諾することは可能である。

サクッと正解

自社で開発したソフトウェアの**使用許諾**は，特許の有無と関係なく行うことができる。

イモヅル式解説

使用許諾は，ソフトウェアの使用において，ユーザが守らなくてはならない事項に同意した上で，使用を許可することである。使用許諾の内容に同意しない場合，そのソフトウェアの使用はできない。市販されているソフトウェアでは梱包の開封を同意したものとみなす**シュリンクラップ契約**になっている場合が多い。

著作権は，創作された時点で成立する。自社で開発したソフトウェアは，自社に著作権があるため，申請・登録が必要な**特許**と関係なく，使用許諾をすることは可能である（**エ**）。

既に自社製品に搭載して販売していたり（**ア**），既にハードウェアと組み合わせて特許を取得していたり（**イ**）しても，ソフトウェア単体で著作物になるので，使用許諾は可能である。

ソースコードについて無償により使用許諾を行ったとしても，無条件で**オープンソースソフトウェア**〔➡Q050〕になる（**ウ**）わけではない。

イモヅル復習問題 ➡ Q050，Q051

正解 **エ**

応用情報技術者試験の変遷

　応用情報技術者試験は，平成21（2009）年から開始されている。それ以前に，ソフトウェア開発技術者試験という名称で行われていた試験に，新たな分野を追加して応用情報技術者試験となった。さらに遡れば，昭和45（1970）年からの第一種情報処理技術者試験，あるいはその前年の第一種情報処理技術者認定試験まで，試験の変遷を辿ることができる。

　第一種情報処理技術者試験からソフトウェア開発技術者試験に変更されたときには，プロダクションエンジニア試験の内容が吸収された。この試験は，システムの構築・運用・保守における技術面での中核的人材を想定したものであった。

　さらに，ソフトウェア開発技術者試験から応用情報技術者試験に変更されたときには，上級システムアドミニストレータ試験の一部内容が吸収された。この試験は，システムの利用者側において，業務でのIT活用を推進するために必要な知識・技能をもち，情報化リーダとして業務の改革や改善を進める人材を対象とした試験である。その後，応用情報技術者試験は，開発者側の知識とともに，経営戦略や情報セキュリティに関する知識も重視されるように改変された。

　基本情報技術者試験の続きの感覚で応用情報技術者試験の学習を進めていくと，ストラテジ系やセキュリティ分野の比率が高いことに気づくだろう。逆に，情報セキュリティマネジメント試験の続きの感覚でいると，テクノロジ系の難易度の高さに閉口するかもしれない。様々な変遷を経て行われている試験は，名称も内容も移り変わっていくものであり，対象とされる人材や内容を捉えて試験に臨むことが必要とされる。ちなみに，応用情報技術者試験の合格率は，25％前後と，大きく変わってはいない。

マネジメント系

第2章ではマネジメント系を学習する。
応用情報技術者試験におけるマネジメント系の出題は例年10問であり，午前試験での出題割合は12.5%である。近年の出題傾向では，基本情報技術者試験と同様にプロジェクトマネジメントとサービスマネジメントの2つに大別される。また，出題数は多くないが，サービスマネジメントとしてファシリティマネジメントや監査及び内部統制についても出題がある。計算問題も含めて類似問題が繰り返し出題されやすい分野であるので，本書で頻出問題の攻略法を効率よくマスターしよう。

Q141

JIS Q 21500:2018（プロジェクトマネジメントの手引）によれば，**プロジェクトマネジメントの"実行のプロセス群"**の説明はどれか。

ア プロジェクトの計画に照らしてプロジェクトパフォーマンスを監視し，測定し，管理するために使用する。

イ プロジェクトフェーズ又はプロジェクトが完了したことを正式に確定するために使用し，必要に応じて考慮し，実行するように得た教訓を提供するために使用する。

ウ プロジェクトフェーズ又はプロジェクトを開始するために使用し，プロジェクトフェーズ又はプロジェクトの目標を定義し，プロジェクトマネージャがプロジェクト作業を進める許可を得るために使用する。

エ プロジェクトマネジメントの活動を遂行し，プロジェクトの全体計画に従ってプロジェクトの成果物の提示を支援するために使用する。

サクッと正解

実行のプロセス群は，活動を遂行するために使用するプロセス。

イモヅル式解説

JIS Q 21500:2018（プロジェクトマネジメントの手引） [➡Q142]
では，プロジェクトマネジメントのプロセス群として，①立上げ，②計画，③実行，④管理，⑤終結の5つのプロセス群を定義している。
実行のプロセス群では，プロジェクトマネジメントの活動を遂行し，計画書に規定された作業を完了するために使用する（**エ**）。

立上げのプロセス群	プロジェクトを開始するために使用し，プロジェクトや各フェーズの目標を定義し，プロジェクトマネージャが作業を進める許可を得るために使用する（**ウ**）。
管理のプロセス群	計画書に照らしてパフォーマンスを監視・測定し，管理（コントロール）するために使用する（**ア**）。
終結のプロセス群	プロジェクトや各フェーズの完了を確定するために使用し，考慮・実行すべき教訓の提供のために使用する（**イ**）。

正解　**エ**

Q142

JIS Q 21500:2018（プロジェクトマネジメントの手引）によれば，プロジェクトマネジメントのプロセスのうち，計画のプロセス群に属するプロセスはどれか。

ア　スコープの定義
イ　品質保証の遂行
ウ　プロジェクト憲章の作成
エ　プロジェクトチームの編成

サクッと正解 🐌

　計画のプロセス群には，**スコープの定義**，スケジュールや予算の作成，リスクの評価，調達の計画などが含まれる。

イモツル式解説 🐌

　JIS Q 21500は，ISO 21500シリーズをもとに作成された日本産業規格であり，ISO 21500シリーズは**PMBOK**〈=Project Management Body of Knowledge〉を国際規格化したものである。PMBOKとは，非営利団体のPMI（プロジェクトマネジメント協会）が策定したプロジェクトマネジメントに必要な知識を体系化したフレームワークのこと。
　計画のプロセス群は，計画の詳細を作成するために使用される。**スコープの定義**（**ア**）は，プロジェクトの**範囲**を定義することで，目標，成果物，要求事項及び境界を含むプロジェクト・スコープの詳細な記述書を作成することであり，計画のプロセス群に属するプロセスである。

イ　品質保証の遂行は，**実行のプロセス群**〔⇒Q141〕に属する。成果物及びプロジェクトを，プロジェクトの目標，要求事項及び規格を満たすかどうかのレビューを行うことである。

ウ　プロジェクト憲章の作成（**ウ**）は，**立上げのプロセス群**〔⇒Q141〕に属する。プロジェクトの定義を明記した文書であるプロジェクト憲章の作成を目的とする。

エ　プロジェクトチームの編成は，立上げのプロセス群に属する。必要な人的資源を得ることを目的とする。

📖 イモツル復習問題 ⇒ Q141

正解　**ア**

Q143 PMBOKガイド第6版によれば，プロジェクト・マネージャ，プログラム・マネジャー，ポートフォリオ・マネジャー，プロジェクトマネジメント・オフィス（PMO）は，それぞれ他と異なる役割を担っている。それぞれに対応した役割の説明のうち，**PMO**のものはどれか。

ア 戦略目標に整合させるよう，関連する複数のプロジェクトに影響する制約条件及びコンフリクトを解消する。

イ 戦略目標を達成するために，プログラム及びプロジェクトの最適な組合せを選択して，構成要素の優先順位を決定し，必要な資源を提供する。

ウ プロジェクトに関連するガバナンス・プロセスを標準化し，資源，方法論，ツール及び技法の共有を促進する。

エ プロジェクトの要求事項を満たすために，知識，スキル，ツールと技法をプロジェクトのアクティビティへ適用する。

サクッと**正解**

PMOの役割とは，ガバナンス・プロセスの標準化，資源，方法論，ツール及び技法の共有を促進すること。

イモツル式解説

PMBOK〔➡Q142〕によれば，**プロジェクトマネジメント・オフィス**は，プロジェクトの統括，管理，サポートを行う部署である。主な役割として，ガバナンスの標準化，プロジェクトマネジメントの教育訓練，プロジェクトの計画及び監視を含む活動を遂行する（**ウ**）。

ア 複数のプロジェクトに影響する制約条件や対立するコンフリクトを解消するのは，**プログラム・マネジャー**の役割である。

イ プログラム及びプロジェクトの最適な組合せと構成要素の優先順位を決定し，資金や人材などの必要な資源を提供するのは，**ポートフォリオ・マネジャー**の役割である。

エ 知識やスキルなどを，実行すべき作業の構成要素であるアクティビティへ適用するのは，**プロジェクト・マネージャ**の役割である。

イモツル復習問題 ➡ Q142　　　　正解　**ウ**

Q144 PMBOKガイド第6版によれば，**プロジェクト・スコープ記述書に記述**する項目はどれか。

ア　WBS
イ　コスト見積額
ウ　ステークホルダー分類
エ　プロジェクトからの除外事項

サクッと正解

プロジェクト・スコープ記述書に記述する項目の1つとして，**プロジェクトからの除外事項**がある。

イモヅル式解説

PMBOK〔→Q142〕によれば，**プロジェクト・スコープ記述書**は，プロジェクトの範囲や成果物と，これらの成果物を生成するための条件などの必要な作業について記述したものである。

　スコープの定義〔→Q142〕の目的は，プロジェクトの範囲を定義することで，目標，成果物，要求事項及び境界を含むプロジェクト・スコープの詳細な記述書を作成することである。プロジェクトからの除外事項（**エ**）は，プロジェクトの範囲や成果物，条件などとともにプロジェクト・スコープ記述書に記述される項目である。

ア　**WBS**〈＝Work Breakdown Structure〉は，プロジェクトの作業を階層的に分解したワークパッケージである。

イ　コスト見積額は，コストの見積に記述される。コストの見積とは，各プロジェクトのフェーズの完了及びプロジェクト全体の完了に必要なコストの概算値を得ること。

ウ　ステークホルダー分類は，ステークホルダー登録簿に記述される。**ステークホルダー**は，プロジェクトのあらゆる側面に対して，利害関係をもったり影響を及ぼしたりなど，影響を受け得る人や組織などのこと。

イモヅル
復習問題 → Q142

正解　エ

Q145

表は，RACIチャートを用いた，ある組織の責任分担マトリックスである。条件を満たすように責任分担を見直すとき，適切なものはどれか。

〔条件〕
・各アクティビティにおいて，実行責任者は1人以上とする。
・各アクティビティにおいて，説明責任者は1人とする。

アクティビティ	要員				
	菊池	佐藤	鈴木	田中	山下
①	R	C	A	C	C
②	R	R	I	A	C
③	R	I	A	I	I
④	R	A	C	A	I

ア　アクティビティ①の菊池の責任をIに変更
イ　アクティビティ②の佐藤の責任をAに変更
ウ　アクティビティ③の鈴木の責任をCに変更
エ　アクティビティ④の田中の責任をRに変更

サクッと正解

RACIチャートにおいて，説明責任者（A）は1人だけ。

イモヅル式解説

RACIチャートは，R（Responsible）**実行責任**，A（Accountable）**説明責任**（全体責任），C（Consulted）**相談先**，I（Informed）**情報提供先**の4つの種別により，メンバーの役割と責任分担を一覧にした責任分担表である。

設問のRACIチャートでは，アクティビティ④のA（説明責任）を担う説明責任者が2人になっており，〔条件〕2つめの「説明責任者は1人」と矛盾する。これを解消するには，アクティビティ④の田中の責任をRに変更（エ）すればよい。そのほかの選択肢では，この矛盾は解決できない。

正解　**エ**

プロジェクトマネジメント

でる度 ★★★

Q 146

品質の定量的評価の指標のうち，**ソフトウェアの保守性**の評価指標になるものはどれか。

ア （最終成果物に含まれる誤りの件数）÷（最終成果物の量）
イ （修正時間の合計）÷（修正件数）
ウ （変更が必要となるソースコードの行数）÷（移植するソースコードの行数）
エ （利用者からの改良要求件数）÷（出荷後の経過月数）

サクッと正解

ソフトウェアの保守性は，（修正時間の合計）÷（修正件数）の式で定量的評価ができる。

イモヅル式解説

（修正時間の合計）÷（修正件数）(**イ**) は，修正のしやすさに関するソフトウェア製品の能力である**保守性**の評価指標である。
ア （最終成果物に含まれる誤りの件数）÷（最終成果物の量）は，最終成果物に含まれる誤り（バグ）の割合であり，**信頼性**の評価指標である。
ウ （変更が必要となるソースコードの行数）÷（移植するソースコードの行数）は，別のハードウェアやOSなど，現在と異なる環境で実行する場合に必要になるソースコード変更の割合であり，**移植性**の評価指標である。
エ （利用者からの改良要求件数）÷（出荷後の経過月数）は，1か月あたりの改良要求件数であり，**適合性**や**機能性**などの評価指標である。

ちょっと深掘り 定量的評価と定性的評価

品質評価の指標には定量的評価と定性的評価がある。定量的評価は，一定の統計的手法による数値の増減で表される評価であり，定性的評価は，性質，方針，プロセスなど，数字では表すことのできないものに対する評価である。

正解 **イ**

Q147

PMBOKガイド第6版によれば，リスクにはマイナスの影響を及ぼすリスク（脅威）とプラスの影響を及ぼすリスク（好機）がある。**プラスの影響を及ぼすリスクに対する"強化"の戦略はどれか。**

ア いかなる積極的行動も取らないが，好機が実現したときにそのベネフィットを享受する。

イ 好機が確実に起こり，発生確率が100％にまで高まると保証することによって，特別の好機に関連するベネフィットを捉えようとする。

ウ 好機のオーナーシップを第三者に移転して，好機が発生した場合にそれがベネフィットの一部を共有できるようにする。

エ 好機の発生確率や影響度，又はその両者を増大させる。

サクッと正解

強化の戦略では，好機の発生確率や影響度を増大させる。

イモヅル式解説

リスクとは，脅威となるマイナスの可能性だけでなく，好機となるプラスのリスクもある。たとえば，「円安になるリスク」という場合，脅威と捉えるか好機と捉えるかは立場によって異なる。**PMBOK**〔➡Q142〕では，リスクに対する戦略として次の対応を挙げている。

プラスのリスク	**活用**	実現確率を高めて結果を利用する（**イ**）
	共有	第三者とベネフィットを共有する（**ウ**）
	強化	要因を特定して発生確率を向上させる（**エ**）
	受容	リスクを認識しても積極的な行動はとらない（**ア**）
マイナスのリスク	**回避**	計画を変更するなどリスクの影響を避ける
	転嫁	保険をかけるなど損失を第三者に移転する
	軽減	発生確率や影響を小さくする対策を行う
	受容	リスクを受け入れて積極的な行動はとらない
共通	**エスカレーション**	対応策が権限を越えている場合などは上位者へ報告する

📖 イモヅル復習問題 ➡ Q141，Q142，Q143

正解 **エ**

プロジェクトマネジメント

でる度 ★★☆

Q148

プロジェクトメンバが**16人**のとき，**1対1の総当たり**でプロジェクトメンバ相互の顔合わせ会を行うためには，**延べ何時間の顔合わせ会が必要**か。ここで，顔合わせ会1回の所要時間は0.5時間とする。

ア 8　**イ** 16　**ウ** 30　**エ** 60

サクッと正解

16人のメンバが総当たりを行う**組合せ**の計算式は，次のとおり。

メンバ16人×自分以外の15人÷2×1回の所要時間0.5時間

イモツル式解説

いくつかのものを順序に従って並べたものを**順列**，順序は考慮せずに取り出したものを**組合せ**という。組合せでは，A-BとB-Aは同じものとして扱われる。この設問の「顔合わせ会」は，組合せの問題である。

16人が，1対1で総当たりする場合，1人が自分以外の15人と顔合わせをすることになる。計算式で表すと，**16人×15人**。

そのうち「AとB」と「BとA」は同じなので組合せ数は半分になる。したがって，16人×15人÷**2**＝**120**通り。

設問から，顔合わせ会1回の所要時間は0.5時間なので，120通り×**0.5**時間＝**60**時間（**エ**）

ちょっと深掘り　コロケーション

顔合わせの計算は，同じ場所に人員を配置するコロケーション（Co-location）で利用される。コロケーションとは，チームのメンバを同じ場所に集めておくことであり，PMBOK〔→Q142〕では，プロジェクトメンバが物理的に1箇所に集まって作業することと定義されている。また，ITサービスのコロケーションサービス（Co-location service）は，事業者が通信回線や施設などを複数の顧客に貸し出すサービスのことを指す。
なお，カタカナにすると区別がつかないが，コロケーション（Collocation）は複数の単語がまとまり，単語と同様に用いられる連語や，単語の自然なつながりを意味する。

正解　**エ**

Q149

EVMで管理しているプロジェクトがある。図は、プロジェクトの開始から完了予定までの**期間の半分が経過した時点での状況**である。コスト効率、スケジュール効率がこのままで推移すると仮定した場合の見通しのうち、適切なものはどれか。

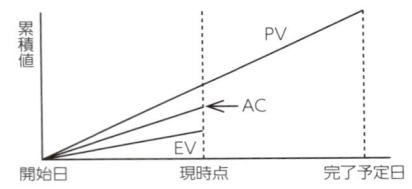

ア　計画に比べてコストは多くなり、プロジェクトの完了は遅くなる。
イ　計画に比べてコストは多くなり、プロジェクトの完了は早くなる。
ウ　計画に比べてコストは少なくなり、プロジェクトの完了は遅くなる。
エ　計画に比べてコストは少なくなり、プロジェクトの完了は早くなる。

サクッと正解

　図の現時点の**EV**（出来高）は**PV**（計画）より**達成値は低く**、EVに対してかかった**AC**（コスト）は**多い**。

イモヅル式解説

　EV〈＝Earned Value Management〉は、プロジェクトの進捗状況とコストを管理する手法である。計画された予算の**PV**〈＝Planned Value〉、実際にかかったコストの**AC**〈＝Actual Cost〉、現時点での出来高の**EV**〈＝Earned Value〉から、**コスト効率**〈＝Cost Performance Index; CPI〉と**スケジュール効率**〈＝Schedule Performance Index; SPI〉が求められる。

　図では、ACがEVより大きな値になっているので、計画よりコストは多くなると見通せる。EVはPVより低い値になっていることから、プロジェクトの完了は遅くなる（**ア**）可能性があると判断できる。

正解　**ア**

Q150

ある組織では，プロジェクトのスケジュールとコストの管理に**アーンドバリューマネジメント**を用いている。期間10日間のプロジェクトの，**5日目の終了時点の状況**は表のとおりである。この時点でのコスト効率が今後も続くとしたとき，**完成時総コスト見積り（EAC）**は何万円か。

管理項目	金額（万円）
完成時総予算（BAC）	100
プランドバリュー（PV）	50
アーンドバリュー（EV）	40
実コスト（AC）	60

ア 110　**イ** 120　**ウ** 135　**エ** 150

サクッと正解

EACを求める計算式は，EAC＝AC＋（BAC－EV）÷CPIである。

イモヅル式解説

EVM〔➡Q149〕は，プロジェクトマネジメントにおける進捗状況の評価手法である。**EAC**〈＝Estimate At Completion〉は，プロジェクト全体の完成時の総コストを予測したもので，**完成時総コスト見積り**とも呼ばれる。

設問の表から，**完成時総予算**〈＝Budget at Completion；BAC〉は100万円であり，実コスト**AC**〔➡Q149〕は60万円であるとわかる。

現時点で完成している作業の実績値**EV**〔➡Q149〕は40万円しかないので，**コスト効率指標**〈＝Cost Performance Index；CPI〉は40万円÷60万円で計算できる。

EACを求める計算式は，EAC＝AC＋（BAC－EV）÷CPI

これにあてはめると，

EAC＝**60＋（100－40）÷（40÷60）**＝150（万円）（**エ**）

イモヅル復習問題 ➡ Q149

正解　**エ**

Q151

あるシステムの開発工数を見積もると120人月であった。このシステムの開発を12か月で終えるように表に示す計画を立てる。**プログラム作成工程には，何名の要員を確保しておく必要があるか。**ここで，工程内での要員の増減はないものとする。

工程	工数比率（％）	期間比率（％）
仕様設計	35	50
プログラム作成	45	25
テスト	20	25

ア 7　　**イ** 8　　**ウ** 10　　**エ** 18

サクッと正解

プログラム作成工程は全体の45％，これを全体の25％の期間（3か月）で終えるには，$120×0.45÷3＝\mathbf{18}$（人）が必要となる。

イモヅル式解説

まず，プログラム作成工程にかかる人月を計算する。人月とは，1人の要員が1か月間に行うことができる作業量を表す単位。なお，1人が1日に行うことができる作業量の単位は人日である。

設問では，「開発工数を見積もると120人月」とあり，表からプログラム作成工程は全体の開発工数の45％であることが読み取れる。

これを計算式で表すと，**120人月×45％（0.45）**＝54人月になる。

次に，「システムの開発を12か月で終える」という記述から，

12か月×プログラム作成の期間比率25％（0.25）＝3か月

であることがわかる。

何名の要員を確保しておく必要があるかを求めると，54人月の作業を3か月で終えるのに必要な要員数は，

54人月÷3か月＝18人（**エ**）

正解　**エ**

プロジェクトマネジメント

でる度 ★★★

Q152

プロジェクトのスケジュールを短縮したい。当初の計画は図1のとおりである。**作業Eを作業E1, E2, E3に分けて**, 図2のとおり計画を変更すると, スケジュールは全体で**何日短縮**できるか。

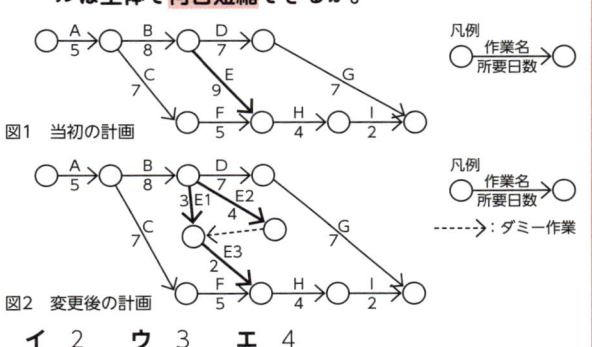

図1 当初の計画

図2 変更後の計画

ア 1 **イ** 2 **ウ** 3 **エ** 4

サクッと正解

最長経路（**クリティカルパス**）を計算すると, 図1は28日, 図2は27日なので, 1日短縮できる。

イモヅル式解説

作業順序を矢印で表現した**アローダイアグラム**である図1の, 最長経路（**クリティカルパス**）は, A→**B**→**E**→H→Iで, 所要日数は, 5+**8**+**9**+4+2=**28**（日）である。

図2は, A→B→**D**→**G**で, 所要日数は, 5+8+**7**+**7**=**27**（日）。

したがって, 短縮できるのは, **28-27**=1（日）（**ア**）とわかる。

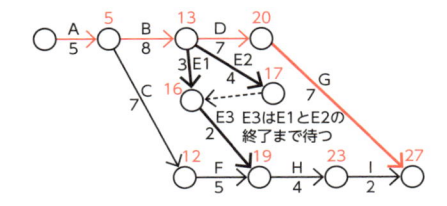

正解 **ア**

Q153

図は，実施する3つのアクティビティについて，**プレシデンスダイアグラム法を用いて，依存関係及び必要な作業日数を示したものである。全ての作業を完了するのに必要な日数は最少で何日か。**

ア 11
イ 12
ウ 13
エ 14

アクティビティ A
6日

終了－開始関係
（リード2日）

アクティビティ B
7日

開始－開始関係
（ラグ3日）

アクティビティ C
5日

サクッと正解

リード（前倒し）2日，**ラグ**（後ろ倒し）3日を考慮すると，
A6日＋B7日－リード2日＋C5日－（B7日－ラグ3日）＝12日

イモツル式解説

　プレシデンスダイアグラム法は，アクティビティ（作業）の順序を表現した図法である。**アローダイアグラム**〔➡Q152〕と同じように，個々の作業を矢印でつなぎ，作業順序や依存関係を表現する。

　AとBは**FS関係**〈＝Finish-to-Start；終了－開始関係〉にある。前倒しできるリードは2日なので，Aの終了2日前にBを開始できる。BとCは**SS関係**〈＝Start-to-Start；開始－開始関係〉にあり，後ろ倒しできるラグは3日なので，Bの開始3日後にCを開始できる。

1	2	3	4	5	6	7	8	9	10	11	12	13	14	15
アクティビティ A														
リード2日←		アクティビティ B											
	ラグ3日→	アクティビティ C										

全作業を完了するのに必要な最少日数は**12日**（**イ**）とわかる。

イモツル復習問題 ➡ Q152　　　　正解　**イ**

Q154 JIS Q 20000-1:2012（サービスマネジメントシステム要求事項）は，サービスマネジメントシステム（以下，SMSという）及びサービスのあらゆる場面でPDCA方法論の適用を要求している。**SMSの実行（Do）の説明はどれか。**

ア SMS及びサービスのパフォーマンスを継続的に改善するための処置を実施する。

イ SMSを確立し，文書化し，合意する。

ウ サービスの設計，移行，提供及び改善のためにSMSを導入し，運用する。

エ 方針，目的，計画及びサービスの要求事項について，SMS及びサービスを監視，測定及びレビューし，それらの結果を報告する。

サクッと正解

SMSの実行（Do）は，サービスの設計，移行，提供及びのためにSMSを導入し，運用することである。

イモヅル式解説

PDCAは，Plan（計画），Do（実行），Check（評価），Act（改善）のサイクルを繰り返して進める業務改善のための方法論である。サービスの設計，移行，提供及び改善のために**SMS**を導入し，運用する（**ウ**）ことが，Do（実行）の説明として適切である。

ア SMS及びサービスのパフォーマンスを継続的に改善するための処置を実施することは，Act（改善）の説明である。

イ SMSを確立し，文書化し，合意することは，Plan（計画）の説明である。

エ 方針，目的，計画及びサービスの要求事項について，SMS及びサービスを監視，測定及びレビューし，それらの結果を報告することは，Check（評価）の説明である。

正解 **ウ**

Q155 ITIL 2011 editionによれば、7ステップの改善プロセスにおけるa、b及びcの適切な組合せはどれか。

〔7ステップの改善プロセス〕

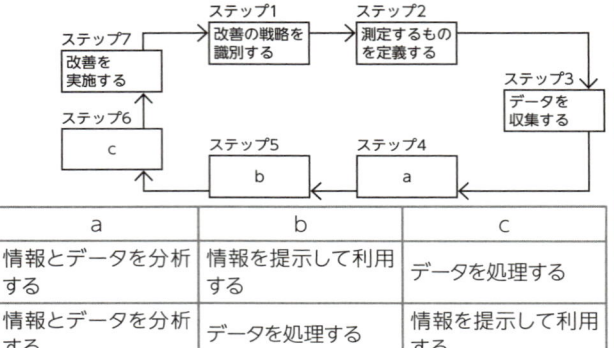

	a	b	c
ア	情報とデータを分析する	情報を提示して利用する	データを処理する
イ	情報とデータを分析する	データを処理する	情報を提示して利用する
ウ	データを処理する	情報とデータを分析する	情報を提示して利用する
エ	データを処理する	情報を提示して利用する	情報とデータを分析する

サクッと正解

7ステップの改善プロセスは、①特定、②定義、③収集、④処理、⑤分析、⑥提示、⑦実装、の順である。

イモヅル式解説

ITIL〈=Information Technology Infrastructure Library〉は、ITサービスを運用・管理するための方法を体系的にまとめたベストプラクティス集である。7ステップの改善プロセスは、継続的サービス改善のための手順で、①特定、②定義、③収集、④処理、⑤分析、⑥提示、⑦実装、のステップで構成される。

ステップ3に続く空欄は、収集したデータの処理（a）、情報とデータの分析（b）、情報を提示して利用（c）の組合せ（**ウ**）になる。

正解 　ウ

Q156

ITIL 2011 editionによれば，**サービス・パッケージ**の説明として，適切なものはどれか。

ア コアサービス，実現サービス及び強化サービスの組合せで構成された，特定の種類の顧客ニーズへのソリューションを提供する複数のサービスの集まりである。

イ サービス・パイプライン，サービス・カタログ及び廃止済みサービスで構成された，サービス・プロバイダによって管理されている全てのサービスである。

ウ 成果物，価格，連絡先などが内容として含まれた，稼働中の全てのITサービスに関する情報を格納するデータベース又は構造化された文書である。

エ ハードウェア，ソフトウェア，ライセンス，文書などで構成された，稼働中のITサービスに対して承認された変更を実施するためのコンポーネントの集合である。

サクッと正解

サービス・パッケージは，コアサービス，実現サービス，強化サービスの組合せで構成された複数のサービスの集まりである。

イモヅル式解説

ITIL 〔➡Q155〕 2011 editionによれば，**サービス・パッケージ**は，特定の顧客ニーズへのソリューションの提供や，特定のビジネス成果の支援などを行う，組み合わされた複数のサービス（**ア**）である。

イ **サービス・パイプライン**，サービス・カタログ及び廃止済みサービスで構成された，サービス・プロバイダの管理によるすべてのサービスは，**サービス・ポートフォリオ**〔➡Q157〕である。

ウ 成果物，価格，連絡先などが内容として含まれた，稼働中のすべてのITサービスに関する情報を格納するデータベース，または構造化された文書は，**サービス・カタログ**〔➡Q157〕である。

エ ハードウェア，ソフトウェア，ライセンス，文書などで構成された，稼働中のITサービスに対して承認された変更を実施するためのコンポーネントの集合は，**リリース・ユニット**である。

📖 イモヅル復習問題 ➡ Q155

正解 **ア**

Q157 ITIL 2011 editionによれば，**サービス・ポートフォリオの説明のうち，適切なものはどれか。**

ア サービス・プロバイダの約束事項と投資を表すものであって，サービス・プロバイダによって管理されている"検討中か開発中"，"稼働中か展開可能"及び"廃止済み"の全てのサービスが含まれる。

イ サービスの販売と提供の支援に使用され，顧客に公開されるものであって，"検討中か開発中"と"廃止済み"のサービスは含まれず，"稼働中か展開可能"のサービスだけが含まれる。

ウ 投資の機会と実現される価値を含むものであって，"廃止済み"のサービスは含まれず，"検討中か開発中"のサービスと"稼働中か展開可能"のサービスが含まれる。

エ どのようなサービスが提供できたのか，実力を示すものであって，"検討中か開発中"のサービスは含まれず，"稼働中か展開可能"のサービスと"廃止済み"のサービスが含まれる。

サクッと正解

サービス・ポートフォリオには，サービス・プロバイダによって管理されているすべてのサービスが含まれる。

イモヅル式解説

サービス・ポートフォリオは，サービス・プロバイダの約束事項と投資を表すもので，サービス・プロバイダによって管理されている"検討中か開発中"，"稼働中か展開可能"及び"廃止済み"のすべてのサービス（**ア**）を，一覧・比較できるようにしたものである。

サービスの販売と提供の支援に使用され，顧客に公開されるもので，"稼働中か展開可能"のサービスだけが含まれる（**イ**）ものは，**サービス・カタログ**である。"廃止済み"のサービスが含まれない（**ウ**）ものや，"検討中か開発中"のサービスが含まれない（**エ**）ものは，サービス・ポートフォリオではない。

なお，検討中または開発中で，まだ顧客に提供していないサービスの情報が記載されているものは，**サービス・パイプライン**という。

イモヅル復習問題 ➡ Q156　　　　　正解 **ア**

Q158 サービスマネジメントの容量・能力管理における，**オンラインシステムの容量・能力の利用の監視について**の注意事項のうち，適切なものはどれか。

ア SLAの目標値を監視しきい値に設定し，しきい値を超過した場合には対策を講ずる。

イ 応答時間やCPU使用率などの複数の測定項目を定常的に監視する。

ウ オンライン時間帯に性能を測定することはサービスレベルの低下につながるので，測定はオフライン時間帯に行う。

エ 容量・能力及びパフォーマンスに関するインシデントを記録する。

サクッと正解

容量・能力管理においては，応答時間やCPU使用率など，定常的に監視することが適切である。

イモツル式解説

オンラインシステムの容量や能力において，応答時間やCPU使用率などの複数の測定項目を定常的に監視し（**イ**），異常発生を即時に知ることができるようにしておくのは適切である。

ア SLA〈＝Service Level Agreement〉の目標値をしきい値に設定し，しきい値を超過した場合ではなく，超過前に対策を講じる必要がある。SLAは，サービス提供者とサービス利用者との間で取り決めたサービスレベルに関する合意である。

ウ 容量や能力などの性能の測定はオフライン時間帯だけではなく，実際に稼働しているオンライン時間帯に測定する必要がある。

エ 容量・能力及びパフォーマンスに関するインシデントを記録するのは，容量・能力の利用の監視についてではなく，インシデント管理プロセス〔➡Q159〕の注意事項である。

なお，ITサービスマネジメントにおけるインシデントは，サービスに対する計画外の中断，品質の低下，または顧客へのサービスにまだ影響していない事象のことである。

正解 **イ**

Q159

ITサービスマネジメントにおける**問題管理プロセス**において実施することはどれか。

ア インシデントの発生後に暫定的にサービスを復旧させ，業務を継続できるようにする。

イ インシデントの発生後に未知の根本原因を特定し，恒久的な解決策を策定する。

ウ インシデントの発生に備えて，復旧のための設計をする。

エ インシデントの発生を記録し，関係する部署に状況を連絡する。

サクッと正解

問題管理プロセスでは，インシデントの発生後に未知の根本原因を特定し，恒久的な解決策を策定する。

イモツル式解説

ITサービスマネジメントにおける**問題管理プロセス**は，**インシデント**〔➡Q158〕の根本原因を突き止めて排除したり，インシデントの発生を予防するなど，恒久的な解決策を策定する（**イ**）プロセスである。

ア インシデントの発生後に暫定的にサービスを復旧させ，業務を継続できるようにすることは，**インシデント管理プロセス**において実施することである。

ウ インシデントの発生に備え，復旧のための設計をすることは，影響を最小限に抑えるための**ITサービス継続性管理プロセス**において実施することである。

エ インシデントの発生を記録し，関係部署に状況を連絡することは，問合せを受け付ける単一の窓口である**サービスデスク**〔➡Q161〕の機能において実施することである。

📖イモツル復習問題 ➡ Q158

正解 **イ**

Q160 フルバックアップ方式と差分バックアップ方式を用いた運用に関する記述のうち，適切なものはどれか。

ア 障害からの復旧時に差分バックアップのデータだけ処理すればよいので，フルバックアップ方式に比べ，差分バックアップ方式は復旧時間が短い。

イ フルバックアップのデータで復元した後に，差分バックアップのデータを反映させて復旧する。

ウ フルバックアップ方式と差分バックアップ方式を併用して運用することはできない。

エ フルバックアップ方式に比べ，差分バックアップ方式はバックアップに要する時間が長い。

サクッと正解

差分バックアップ方式では，フルバックアップのデータで復元したあと，差分バックアップのデータで復旧する。

イモヅル式解説

バックアップ処理には，いくつかの方法がある。

フルバックアップ方式	すべてのデータやプログラムなどを保存する方式。復旧作業の煩雑さが少ないが，バックアップに時間がかかり，保存容量が大きい。
差分バックアップ方式	初回のみフルバックアップを行い，以降は新たに追加や修正を行ったもののみを保存する方式。復旧は，初回分と差分の2つのデータで行える。

差分バックアップ方式では，フルバックアップのデータで復元後，差分バックアップのデータを反映させて復旧する（**イ**）。

差分バックアップ方式では，フルバックアップ方式に比べて復旧時間は短くなる（**ア**）ことはない。フルバックアップ後に差分バックアップを行うなどの併用は可能で，併用して運用できない（**ウ**）ということはない。また，フルバックアップ方式に比べ，差分バックアップ方式は新たに追加や修正を行ったもののみを保存するため，バックアップに要する時間が長い（**エ**）ということはない。

正解 **イ**

Q161

ITIL 2011 editionに示される**サービスデスク組織の構造とその特徴**のうち，**"フォロー・ザ・サン"**の説明として，最も適切なものはどれか。

ア サービスデスクを1拠点又は少数の場所に集中することによって，サービス要員を効率的に配置したり，大量のコールに対応したりすることができる。

イ サービスデスクを利用者の近くに配置することによって，言語や文化の異なる利用者への対応，専門要員によるVIP対応などができる。

ウ サービス要員が複数の地域や部門に分散していても，通信技術を利用することによって，単一のサービスデスクがあるようにサービスを提供することができる。

エ 時差がある分散拠点にサービスデスクを配置し，各サービスデスクが連携してサービスを提供することによって，24時間対応のサービスが提供できる。

サクッと正解

フォロー・ザ・サンとは，時差がある分散拠点に配置したサービスデスクを連携させ，24時間対応のサービスを提供する組織構造。

イモヅル式解説

フォロー・ザ・サンは，分散した2つ以上のサービスデスクを組み合わせ，24時間体制でサービスを提供する（**エ**）ことである。

中央サービスデスク	複数のサービスデスクを1箇所に統合し，サービス要員を物理的に集約することで，要員の配置を効率化したり，大量のコールに対応したりすることができる（**ア**）。
ローカルサービスデスク	サービスデスクを利用者の近くに配置することで，言語や文化の異なる利用者への対応，専門要員によるVIP対応などができる（**イ**）。
バーチャルサービスデスク	インターネット技術を利用し，単一のサービスデスクであるかのように運用できる組織構造（**ウ**）。

正解 **エ**

Q162

新システムの開発を計画している。提案された4案の中で，TCO（総所有費用）が最小のものはどれか。ここで，このシステムは開発後，3年間使用されるものとする。

単位 百万円

	A案	B案	C案	D案
ハードウェア導入費用	30	30	40	40
システム開発費用	30	50	30	40
導入教育費用	5	5	5	5
ネットワーク通信費用／年	20	20	15	15
保守費用／年	6	5	5	5
システム運用費用／年	6	4	6	4

ア A案　　イ B案　　ウ C案　　エ D案

サクッと正解

ハードウェア導入，システム開発，導入教育は1回のみの費用，ほかは3年間かかる費用として，すべての費用（TCO）を計算する。

イモヅル式解説

TCO〈＝Total Cost of Ownership〉とは，ハードウェア及びソフトウェアの導入から運用，管理までを含んだ全コストのこと。設問の表のハードウェア導入費用，システム開発費用，導入教育費用は，1回だけかかるイニシャルコスト（初期費用）である。ネットワーク通信費用／年，保守費用／年，システム運用費用／年は，使用している間，恒常的に発生するランニングコスト（運用費用）である。

A案：30＋30＋5＋（20＋6＋6）×3年＝161（百万円）
B案：30＋50＋5＋（20＋5＋4）×3年＝172（百万円）
C案：40＋30＋5＋（15＋5＋6）×3年＝153（百万円）
D案：40＋40＋5＋（15＋5＋4）×3年＝157（百万円）

上記の計算で，TCOが最小になるのは，C案（ウ）とわかる。

正解　ウ

Q163

空調計画における**冷房負荷**には，"外気負荷"，"室内負荷"，"伝熱負荷"，"日射負荷" などがある。冷房負荷の軽減策のうち，**"伝熱負荷" の軽減策**として，最も適切なものはどれか。

- **ア** 使用を終えたらその都度PCの電源を切る。
- **イ** 隙間風や換気による影響を少なくする。
- **ウ** 日光が当たる南に面したガラス窓をむやみに大きなものにしない。
- **エ** 屋根や壁面の断熱をおろそかにしない。

サクッと正解

伝熱負荷の軽減策の1つとして，屋根や壁面の断熱をおろそかにしないことが挙げられる。

イモヅル式解説

冷暖房負荷とは，室内を一定の温湿度に保つために必要な熱量のこと。**伝熱負荷**は，室外から屋根，壁面，窓などを通じて室内に伝わる熱量である。

屋根や壁面の断熱をおろそかにしない（**エ**）ことは，伝熱負荷の軽減策として適切である。

- **ア** 使用を終えたらその都度PCの電源を切ることは，**室内負荷**の軽減策である。
- **イ** 隙間風や換気による影響を少なくすることは，**外気負荷**の軽減策である。
- **ウ** 日光が当たる南に面したガラス窓をむやみに大きなものにしないことは，**日射負荷**の軽減策と考えるのが適切である。

> **ちょっと深掘り ファシリティマネジメント**
> 企業や団体などが組織活動のために，施設とその環境を総合的に企画，管理，活用する経営活動のことをファシリティマネジメントという。空調計画の策定もファシリティマネジメントに含まれる。

正解 **エ**

Q164 情報セキュリティ管理基準（平成28年）を基に，情報システム環境における**マルウェア対策の実施状況について監査を実施した。判明したシステム運用担当者の対応状況のうち，監査人が，指摘事項として監査報告書に記載すべきもの**はどれか。

ア Webページに対して，マルウェア検出のためのスキャンを行っている。

イ マルウェア感染によって被害を受けた事態を想定して，事業継続計画を策定している。

ウ マルウェア検出のためのスキャンを実施した上で，組織として認可していないソフトウェアを使用している。

エ マルウェアに付け込まれる可能性のある脆弱性について情報収集を行い，必要に応じて修正コードを適用し，脆弱性の低減を図っている。

2

マネジメント系

サクッと正解

監査人が，指摘事項として**監査報告書**に記載すべき例として，組織が認可していないソフトウェアを使用することが挙げられる。

イモヅル式解説

情報セキュリティ管理基準は，組織体が効果的な情報セキュリティマネジメント体制を構築し，適切な管理策を整備・運用するための実践的な規範である。マルウェア検出のスキャンを実施したうえで，組織が認可していないソフトウェアを使用する（**ウ**）ことは，情報セキュリティ管理として適切ではないので，**監査人**が，指摘事項として**監査報告書**に記載すべき事項に該当する。

ア Webページに対するマルウェア検出のためのスキャンを行うことは，情報セキュリティ管理基準と合致している。

イ マルウェアに対応するための**事業継続計画**を策定することは，情報セキュリティ管理基準に合致している。

エ マルウェアに付け込まれる可能性のある脆弱性を低減させることは，情報セキュリティ管理基準に合致している。

正解 **ウ**

Q165 システム監査基準（平成30年）における**ウォークスルー法**の説明として，最も適切なものはどれか。

ア あらかじめシステム監査人が準備したテスト用データを監査対象プログラムで処理し，期待した結果が出力されるかどうかを確かめる。

イ 監査対象の実態を確かめるために，システム監査人が，直接，関係者に口頭で問い合わせ，回答を入手する。

ウ 監査対象の状況に関する監査証拠を入手するために，システム監査人が，関連する資料及び文書類を入手し，内容を点検する。

エ データの生成から入力，処理，出力，活用までのプロセス，及び組み込まれているコントロールを，システム監査人が，書面上で，又は実際に追跡する。

サクッと正解

ウォークスルー法は，システム監査人が各プロセスやコントロールを追跡する監査技法である。

イモヅル式解説

システム監査基準における**ウォークスルー法**は，データの生成から入力，処理，出力，活用までのプロセス，及び組み込まれている統制・管理策であるコントロールを，書面上で，または実際に追跡する（**エ**）技法である。

テストデータ法	コンピュータを利用し，あらかじめシステム監査人が準備したテスト用データを監査対象プログラムで処理し，期待した結果が出力されるかどうかを確かめる（**ア**）技法。
インタビュー法	監査対象の実態を確かめるため，システム監査人が直接，関係者に口頭で問い合わせ，回答を入手する（**イ**）技法。
ドキュメントレビュー法	監査対象の状況に関する運用記録などの監査証拠を入手するため，システム監査人が関連する資料及び文書類を入手し，内容を点検する（**ウ**）技法。

正解 **エ**

でる度 ★★★

Q166

マスタファイル管理に関する**システム監査項目**のうち，**可用性**に該当するものはどれか。

ア マスタファイルが置かれているサーバを二重化し，耐障害性の向上を図っていること

イ マスタファイルのデータを複数件まとめて検索・加工するための機能が，システムに盛り込まれていること

ウ マスタファイルのメンテナンスは，特権アカウントを付与された者だけに許されていること

エ マスタファイルへのデータ入力チェック機能が，システムに盛り込まれていること

2

マネジメント系

サクッと正解

システム監査項目の**可用性**の1つは，耐障害性を向上させることである。

イモヅル式解説

可用性〔➡Q114〕は，システムなどが継続して稼働できる特性である。マスタファイルが置かれているサーバを二重化し，耐障害性の向上を図っていること（**ア**）は，サーバを二重化することで，1つが故障してももう1つが稼働していればシステムは停止しないので，システム監査項目の可用性に該当する。

イ マスタファイルのデータを複数件まとめて検索・加工するための機能がシステムに盛り込まれていることは，システム監査項目の**効率性**に該当する。

ウ マスタファイルのメンテナンスが特権アカウントを付与された者だけに許されていることは，システム監査項目の**機密性**〔➡Q114〕に該当する。

エ マスタファイルへのデータ入力チェック機能がシステムに盛り込まれていることは，システム監査項目の**完全性**〔➡Q114〕に該当する。

📖 イモヅル復習問題 ➡ Q165

正解 **ア**

Q167

サービス提供時間帯が毎日6〜20時のシステムにおいて，ある月の停止時間，修復時間及びシステムメンテナンス時間は次のとおりであった。この月の可用性は何%か。ここで，1か月の稼働日数は30日，可用性（%）は小数第2位を四捨五入するものとする。

〔停止時間，修復時間及びシステムメンテナンス時間〕

・システム障害によるサービス提供時間内の停止時間：7時間

・システム障害に対処するサービス提供時間外の修復時間：3時間

・サービス提供時間外のシステムメンテナンス時間：8時間

ア 95.7 イ 97.6
ウ 98.3 エ 99.0

サクッと正解

可用性の割合は，サービス提供時間内の実際のサービス稼働時間で求める。（全稼働時間−時間内の停止時間）÷全稼働時間

イモヅル式解説

設問から，サービス提供時間帯が毎日6〜20時で1日あたり14時間，1か月の稼働日数が30日から，1か月の稼働時間は，

14時間／日×30日／月＝420時間／月

可用性〔➡Q114〕を求めるには，〔停止時間，修復時間及びシステムメンテナンス時間〕のサービス提供時間内の停止時間の割合を求める。サービス提供時間外に行っている修復時間とシステムメンテナンス時間は，可用性に影響しない。

可用性の割合は，次の計算式で求められる。

（1か月の稼働時間420時間−サービス提供時間内の停止時間7時間）÷1か月の稼働時間420時間＝0.9833…≒98.3%（ウ）

イモヅル復習問題 ➡ Q166

正解 ウ

Q168

システム監査基準（令和5年）におけるフォローアップの説明として，適切なものはどれか。

ア 監査対象先が，監査報告書の指摘事項及び改善提案を基に改善計画の策定を行うこと

イ 監査部門の責任者が，監査報告書を基に監査の実施状況と指摘事項の妥当性を確認すること

ウ システム監査人が，監査報告書に記載した改善提案の実施状況に関する情報を収集し，改善状況をモニタリングすること

エ システム監査人が，時間の関係で調査が終了しなかった監査項目を追跡調査して報告すること

サクッと正解

システム監査基準における**フォローアップ**は，監査人が改善提案の実施状況や改善状況などをモニタリングすること。

イモヅル式解説

システム監査とは，監査人がITシステムの利活用に関連する検証・評価を行い，ガバナンスやマネジメントなどについて，一定の保証や改善のための助言を行うものである。システム監査基準では，改善提案（及び改善計画）のフォローアップとして「監査報告書に改善提案が記載されている場合，適切な措置が，適時に講じられているかどうかを確認するために，改善計画及びその実施状況に関する情報を収集し，改善状況をモニタリングしなければならない」（ウ）とされている。改善の実施は監査部門の責任者ではなく，監査対象の組織が行う。

ア システム監査基準におけるフォローアップは，監査対象先が改善計画の策定を行うことではない。

イ 監査人は，独立性と客観性を損なってはいけないので，監査部門の責任者が指摘事項の妥当性を確認するのは適切ではない。

エ システム監査基準におけるフォローアップは，時間の関係で調査が終了しなかった監査項目を追跡調査して報告することではない。

イモヅル
復習問題 → Q165, Q166

正解 **ウ**

Q169

金融庁の"財務報告に係る内部統制の評価及び監査に関する実施基準"における"ITへの対応"に関する記述のうち，適切なものはどれか。

ア IT環境とは，企業内部に限られた範囲でのITの利用状況である。

イ ITの統制は，ITに係る全般統制及びITに係る業務処理統制から成る。

ウ ITの利用によって統制活動を自動化している場合，当該統制活動は有効であると評価される。

エ ITを利用せず手作業だけで内部統制を運用している場合，直ちに内部統制の不備となる。

サクッと正解

"ITへの対応"は，ITに係る**全般統制**と**業務処理統制**から成る。

イモヅル式解説

財務報告に係る内部統制の評価及び監査に関する実施基準における"ITへの対応"とは，「組織目標を達成するために予め適切な方針及び手続を定め，それを踏まえて，業務の実施において組織の内外のITに対し適切に対応すること」と定義されている。ITに対する統制活動は，次の**全般統制**と**業務処理統制**の2つで構成される（**イ**）。

ITに係る全般統制	システムの開発・保守・運用の管理，安全性の確保など，業務処理統制が有効に機能する環境を保証するための統制。
ITに係る業務処理統制	業務管理システムにおいて，承認された業務がすべて正確に処理・記録されることを確保するために業務プロセスに組み込まれたITに係る統制。

ア IT環境は，組織が活動するうえで必然的に関わる内外のITの利用状況などであり，企業内部に限られたものではない。

ウ ITの利用によって統制活動を自動化していても，誤操作や不正などは発生し得るので，常に統制活動は有効であるとは限らない。

エ ITを利用していないことが，直ちに不備となるわけではない。

正解 **イ**

Q170

業務部門が起票した入力原票を，情報システム部門でデータ入力する場合，情報システム部門の業務として，適切なものはどれか。

ア　業務部門が入力原票ごとの処理結果を確認できるように，処理結果リストを業務部門に送付する。

イ　入力原票の記入内容に誤りがある場合は，誤りの内容が明らかなときに限り，情報システム部門の判断で入力原票を修正し，入力処理する。

ウ　入力原票はデータ入力処理の期日まで情報システム部門で保管し，受領枚数の点検などの授受確認は，データ入力処理の期日直前に一括して行う。

エ　入力済みの入力原票を，不正使用や機密情報の漏えいなどを防止するために，入力後直ちに廃棄する。

サクッと正解

情報システム部門の業務として，処理結果を確認できるように処理結果リストを送付することは，適切な**内部統制**である。

イモヅル式解説

情報システム部門でデータ入力を行う場合でも，業務部門が入力原票ごとの処理結果を照合できるように，処理結果リストを業務部門に送付する（**ア**）ことは，入力データの漏れや誤りを正すことになる。これは，業務の**有効性**，**効率性**，財務報告書の**信頼性**を高める**内部統制**につながるので，適切である。

イ　誤りの内容が明らかなときに，業務部門に確認せずに情報システム部門の判断で入力原票を修正することは，適切ではない。

ウ　入力原票を入力処理の期日まで保管したり，原票授受の確認を入力処理の期日直前に一括で行ったりすることは，時間の経過により問題解決を難しくする場合があるので，適切ではない。

エ　入力済みの入力原票は，不正使用や機密情報の漏えいなどを防止するために，入力後に直ちに廃棄することは，修正や再処理を難しくする場合があるので，適切ではない。

イモヅル復習問題 → **Q169**　　　　　　　　　　正解　**ア**

筆記試験で判断できない世界

　情報処理技術者試験は，共通キャリア・スキルフレームワークのレベル1～4に対応しており，試験をレベル判定に活用できるようになっている。共通キャリア・スキルフレームワークとは，日本が目指すべき高度IT人材像に即したキャリアと，求められるスキルを示した提言である。そこでは，3つの人材類型（①基本戦略系人材，②ソリューション系人材，③クリエーション系人材）と，さらにストラテジストやサービスマネージャなどの6つに分類した人材像が定義されている。

　このフレームワークでは，「スキル」は「知識を活用して成果を生み出す能力」，「知識」は「スキルを発揮するために必要な要素」と定義され，「より上位のレベルでは，非技術的なスキルの占める割合が高くなってくる」とある。これらのことから，情報処理技術者試験は，レベルが上がるほど，知識の詰め込み度合いを試すものではなく，組織の業務において知識を活かす能力を問うものとする方向性が読み取れる。

　このフレームワークのレベル1に対応する試験が「ITパスポート試験」，レベル2が「基本情報技術者試験」，レベル3が「応用情報技術者試験」である。続くレベル4は「高度試験」と総称され，具体的には，ITストラテジスト試験などの9つのカテゴリが設けられている。ただ，レベル4の人材と評価されるためには，当該試験の結果だけではなく，各スキル標準の評価基準などにより，所属する組織などで実績を確認・判断される必要がある。つまり，レベル3を超えると，筆記試験だけでは判定できないのである。言い換えると，試験勉強で対応できるのは応用情報技術者試験までということになる。ここから先は，仕事の現場で腕を磨きつつ，知識とスキルを蓄えながらステップアップしていく世界が待っているのである。

ストラテジ系

第3章ではストラテジ系を学習する。
午前試験でのストラテジ系の出題は20問で，午前試験全体の25%に相当する。経営戦略やマーケティングなどの実践的なテーマが出題されると同時に，暗号資産，グリーン購入，コンジョイント分析，コンバージョン率，クラウドソーシング，オープンイノベーション，SL理論など，経済新聞やビジネス誌などでも目にする比較的新しいキーワードも登場する分野となっている。苦手意識を感じている人も，国家試験の勉強だからといって過剰に身構えず，本章を気軽に読み進めてほしい。

でる度 ★★★

Q171
エンタープライズアーキテクチャの"四つの分類体系"に含まれるアーキテクチャは，ビジネスアーキテクチャ，テクノロジアーキテクチャ，アプリケーションアーキテクチャともう1つはどれか。

ア　システムアーキテクチャ
イ　ソフトウェアアーキテクチャ
ウ　データアーキテクチャ
エ　バスアーキテクチャ

サクッと 正解

エンタープライズアーキテクチャの分類体系とは，ビジネスアーキテクチャ，データアーキテクチャ，アプリケーションアーキテクチャ，テクノロジアーキテクチャの4つ。

イモヅル式 解説

エンタープライズアーキテクチャ〈=EA；Enterprise Architecture〉は，組織全体の業務とシステムを統一的にモデル化し，業務とシステムを同時に改善することを目的とした，業務とシステムの最適化の手法である。各業務と情報システムを，**ビジネス**，**データ**（ウ），**アプリケーション**，**テクノロジ**の4つの体系で分析し，全体最適化の観点から見直すために活用される。

ビジネスアーキテクチャ	政策・業務体系	業務フローや実現すべき姿など
データアーキテクチャ	データ体系	データの定義や関連，統合や標準化など
アプリケーションアーキテクチャ	適用処理体系	最適なシステムの形態や互換性など
テクノロジアーキテクチャ	技術体系	技術的構成要素や採用すべき技術標準など

正解　**ウ**

Q172 業務プロセスを可視化する手法としてUMLを採用した場合の活用シーンはどれか。

ア 対象をエンティティとその属性及びエンティティ間の関連で捉え，データ中心アプローチの表現によって図に示す。

イ データの流れによってプロセスを表現するために，データ送出し，データ受取り，データ格納域，データに施す処理を，データの流れを示す矢印でつないで表現する。

ウ 複数の観点でプロセスを表現するために，目的に応じたモデル図法を使用し，オブジェクトモデリングのために標準化された記述ルールで表現する。

エ プロセスの機能を網羅的に表現するために，1つの要件に対して発生する事象を条件分岐の形式で記述する。

サクッと正解

UMLは，複数の観点でプロセスを表現できる標準化された記述ルールであり，プロセスを可視化するときなどに活用される。

イモヅル式解説

UML 〈=Unified Modeling Language〉〔➡Q076〕とは，目的に応じたモデル図法を使って業務の流れを記述する図法の総称（**ウ**）。業務プロセスを可視化する際などに活用される。

ア 対象をエンティティとその属性およびエンティティ間の関連で捉え，データ中心アプローチの表現によって図に示すのは，**E-R図**〔➡Q125〕である。

イ データの流れによってプロセスを表現するために，データ送出し，データ受取り，データ格納域，データに施す処理を，データの流れを示す矢印でつなぐのは，**DFD** 〈=Data Flow Diagram〉である。

エ プロセスの機能を網羅的に表現するために，1つの要件に対し発生する事象を条件分岐の形式で記述するのは，**BPD** 〈=Business Process Diagram〉などである。

正解 **ウ**

Q173

要件定義において，利用者や外部システムと，業務の機能を分離して表現することによって，利用者を含めた業務全体の範囲を明らかにするために使用される図はどれか。

ア　アクティビティ図
イ　オブジェクト図
ウ　クラス図
エ　ユースケース図

サクッと正解

利用者を含めた業務全体の範囲を明らかにするために使用される図は，**ユースケース図**である。

イモヅル式解説

UML〔→Q076〕の**ユースケース図**（**エ**）は，システムが提供する機能単位と，利用者や外部システムが果たす役割を表すアクタの相互作用を表現した図である。

アクティビティ図（**ア**）	システムやプログラムの処理の流れなどにおいて，オブジェクトの振る舞いを表現する図。
オブジェクト図（**イ**）	システム内の具体的なインスタンス間の関係を表現する図。
クラス図（**ウ**）	システム内のクラスの仕様と，クラスの間の静的な関係を表現する図。
ステートチャート図	外部からのトリガに応じて，オブジェクトの状態がどのように遷移するかを表現する図。
コンポーネント図	システムを構成する要素であるコンポーネント間の物理的な関係を表現する図。
コミュニケーション図	オブジェクト間の相互作用を表現するオブジェクト図を拡張した図。

📖 イモヅル復習問題　→ Q172　　　　　　正解　**エ**

でる度 ★★★

Q174 情報戦略の投資効果を評価するとき，**利益額を分子**に，**投資額を分母**にして算出するものはどれか。

ア EVA　　イ IRR
ウ NPV　　エ ROI

サクッと正解

「利益額÷投資額」により，投資額に対してどれだけの利益を生み出しているかを表す投資利益率は，**ROI**である。

イモヅル式解説

ROI〈=Return on Investment〉（エ）は，売上増やコスト削減などによって創出された利益額を，投資額で割ったものである。

ROE〈=Return On Equity〉	自己資本に対して，どれだけの利益を生み出したかを表す**自己資本利益率**。
ROA〈=Return On Assets〉	企業の総資産を利用し，どれだけの利益を生み出したかを表す**総資産利益率**。
EVA〈=Economic Value Added〉（ア）	企業が一定期間に生み出した**経済的付加価値**を評価する指標。「税引後営業利益−投下資本×資本コスト」で算出する。
IRR〈=Internal Rate of Return〉（イ）	投資による将来のキャッシュフローの現在価値の合計額と，投資額の現在価値の合計額が等しくなる割引率（**内部収益率**）。
NPV〈=Net Present Value〉（ウ）	投資による将来のキャッシュフローの現在価値から初期投資額を差し引いた**正味現在価値**。
KPI〈=Key Performance Indicator〉	目標達成に向けて行われる企業活動の実施状況を評価するために設定する**重要業績評価指標**。

3

ストラテジ系

正解　エ

Q175

業務システムの構築に際し，**オープンAPI**を活用する構築手法の説明はどれか。

ア 構築するシステムの概要や予算をインターネットなどにオープンに告知し，アウトソース先の業者を公募する。

イ 構築テーマをインターネットなどでオープンに告知し，不特定多数から資金調達を行い開発費の不足を補う。

ウ 接続仕様や仕組みが外部企業などに公開されている他社のアプリケーションソフトウェアを呼び出して，適宜利用し，データ連携を行う。

エ 標準的な構成のハードウェアに仮想化を適用し，必要とするCPU処理能力，ストレージ容量，ネットワーク機能などをソフトウェアで構成し，運用管理を行う。

サクッと正解

オープンAPIとは，サードパーティのアプリケーションソフトウェアを呼び出し，適宜利用し，データ連携を行う手法。

イモヅル式解説

API〈=Application Program Interface〉とは，アプリケーションからOSの各種機能を利用するための仕組み。外部企業などが呼び出して利用できる（**ウ**）APIを，**オープンAPI**と呼ぶ。

ア 構築するシステムの概要や予算をインターネットなどにオープンに告知し，業務を委託するアウトソース先の業者を公募するのは，**公募型プロポーザル入札方式**である。

イ 構築テーマ，開発したい製品やサービスをインターネットなどでオープンに告知し，不特定多数から資金調達を行い，開発費の不足を補うのは，**クラウドファンディング**〔➡**Q213**〕の手法である。

エ 標準的な構成のハードウェアに仮想化を適用し，必要とするCPU処理能力，ストレージ容量，ネットワーク機能などをソフトウェアで構成し，オンデマンドでスケーラブルな運用管理を行うのは，オープンスタックなどを用いた**クラウドコンピューティング**〔➡**Q213**〕の手法である。

正解　**ウ**

Q176

官民データ活用推進基本法などに基づいて進められているオープンデータバイデザインに関して，行政機関における取組についての記述として，適切なものはどれか。

ア 行政機関が保有する個人情報を産業振興などの目的でオープン化する場合は，データ公開に先立ち，個人情報保護委員会への届出が義務化されている。

イ 行政機関において収集・蓄積された既存のデータが公開される場合，営利目的の利用は許されておらず，非営利の用途に限って利用が認められている。

ウ 行政機関における情報システムの設計において，情報セキュリティを確保する観点から，公開するデータの用途を行政機関同士の相互利用に限定している。

エ 対象となる行政データを，二次利用や機械判読に適した形態で無償公開することを前提に，情報システムや業務プロセスの企画，整備及び運用を行っている。

サクッと正解

オープンデータバイデザインとは，無償公開を前提に情報システムや業務プロセスの企画，整備，運用を行うこと。

イモヅル式解説

オープンデータバイデザインは，デジタル庁の「オープンデータ基本指針の概要」によれば，公共データについて，**オープンデータ**を前提として情報システムや業務プロセス全体の企画，整備及び運用を行うこと（**エ**）である。オープンデータとは，**二次利用可能なルール**が適用され，**機械判読**に適し，**無償で利用**できるものをいう。

ア 行政機関が保有する個人情報は，オープン化の対象にはならない。

イ オープンデータは，**営利・非営利を問わず**二次利用可能なルールが適用されたもの。

ウ オープンデータの用途は，行政機関同士の利用に限定されない。

正解 | **エ**

Q177 PDM（Product Data Management）の目的はどれか。

ア　NC工作機械，自動搬送装置，倉庫などを有機的に結合し，コンピュータで集中管理することによって，多品種少量生産に対応できる生産の自動化を実現する。

イ　図面・部品構成データ，仕様書データなどの設計及び開発の段階で発生する情報を一元管理することによって，設計業務及び開発業務の効率を向上させる。

ウ　製品の生産計画に基づいてその生産に必要な資材の所要量を展開し，これを基準にして資材の需要とその発注時期を算出する。

エ　部品の供給から製品の販売までの一連のプロセスの情報をリアルタイムで交換することによって，在庫の削減とリードタイムの短縮を実現する。

サクッと正解

PDMとは，設計や開発の段階で発生する情報を一元管理することで，設計業務や開発業務の効率を向上させる仕組み。

イモヅル式解説

PDM〈＝Product Data Management〉は，設計や開発に関連する情報を一元管理して共有し，業務の効率化を図る（**イ**）仕組みである。

FMS〈＝Flexible Manufacturing System〉	数値制御〈＝Numerically Control；NC〉を行うNC工作機械，自動搬送装置，倉庫などを有機的に結合し，コンピュータで集中管理することで，**多品種少量生産**に対応する生産自動化を実現するシステム（**ア**）。
MRP〈＝Material Requirements Planning〉	製品の生産計画に基づき，必要な資材の所要量を予測し，これを基準に資材の需要と発注時期を算出する仕組み（**ウ**）。
SCM〈＝Supply Chain Management〉	部品の供給から製品の販売までの一連のプロセスの情報をリアルタイムで把握することで，在庫削減と発注から納品までの時間短縮を実現する経営手法（**エ**）。

正解　**イ**

Q178 SOAの説明はどれか。

ア 会計，人事，製造，購買，在庫管理，販売などの企業の業務プロセスを一元管理することによって，業務の効率化や経営資源の全体最適を図る手法

イ 企業の業務プロセス，システム化要求などのニーズと，ソフトウェアパッケージの機能性がどれだけ適合し，どれだけかい離しているかを分析する手法

ウ 業務プロセスの問題点を洗い出して，目標設定，実行，チェック，修正行動のマネジメントサイクルを適用し，継続的な改善を図る手法

エ 利用者の視点から業務システムの機能を幾つかの独立した部品に分けることによって，業務プロセスとの対応付けや他ソフトウェアとの連携を容易にする手法

サクッと正解

SOAとは，システムの機能を独立した部品として組み合わせて提供する手法。

イモヅル式解説

SOA〈＝Service Oriented Architecture〉は，システムの機能をいくつかの部品に分け，柔軟に対応できるようにした提供手法（**エ**）である。

ERP〈＝Enterprise Resource Planning〉	企業の業務プロセスを統合的に管理し，業務を横断的に連携させることで，経営資源の最適化と経営の効率化を図る手法（**ア**）。
フィット&ギャップ分析	企業の業務プロセス，システム化要求などのニーズと，ソフトウェアパッケージの機能性がどれだけ適合し，どれだけかい離しているかを分析する手法（**イ**）。
PDCAサイクル〔➡Q154〕	目標設定や計画策定（**Plan**），実行（**Do**），評価（**Check**），改善や修正行動（**Act**）のマネジメントサイクルを適用し，継続的な改善を図る手法（**ウ**）。

正解 **エ**

Q179

CRMを説明したものはどれか。

ア 卸売業者・メーカが，小売店の経営活動を支援してその売上と利益を伸ばすことによって，自社との取引拡大につなげる方法である。

イ 企業全体の経営資源を有効かつ総合的に計画して管理し，経営の高効率化を図るための手法である。

ウ 企業内の全ての顧客チャネルで情報を共有し，サービスのレベルを引き上げて顧客満足度を高め，顧客ロイヤリティの最大化に結び付ける考え方である。

エ 生産，在庫，購買，販売，物流などの全ての情報をリアルタイムに交換することによって，サプライチェーン全体の効率を大幅に向上させる経営手法である。

サクッと正解

CRMとは，企業内で顧客情報を共有し，顧客ロイヤリティの最適化に結び付ける考え方。

イモヅル式解説

CRM 〈=Customer Relationship Management〉とは，長期的視点から顧客と良好な関係を構築し，顧客満足度を高め，収益の拡大を図る（**ウ**）顧客関係管理の手法である。

リテールサポート	卸売業者やメーカなどが，小売店の経営活動を支援して売上と利益を伸ばすことで，自社との取引拡大につなげる方法（**ア**）。
ERP 〈=Enterprise Resource Planning〉〔➡Q178〕	企業全体の経営資源を一元的に管理し，経営の効率化を図る手法（**イ**）。
SCM 〈=Supply Chain Management〉〔➡Q177〕	生産，在庫，購買，販売，物流など，複数企業にわたる一連のプロセスの情報をリアルタイムに把握することで，サプライチェーン全体の効率を向上させる経営手法（**エ**）。

イモヅル復習問題 ➡ Q177, Q178　　　　正解　**ウ**

Q180

企業システムにおけるSoE(Systems of Engagement)の説明はどれか。

ア 高可用性，拡張性，セキュリティを確保しながら情報システムを稼働・運用するためのハードウェア，ソフトウェアから構成されるシステム基盤

イ 社内業務プロセスに組み込まれ，定型業務を処理し，結果を記録することによって省力化を実現するためのシステム

ウ データの活用を通じて，消費者や顧客企業とのつながりや関係性を深めるためのシステム

エ 日々の仕訳伝票を入力した上で，データの改ざん，消失を防ぎながら取引データベースを維持・管理することによって，財務報告を行うためのシステム

3
ストラテジ系

サクッと正解

SoEとは，消費者や顧客企業などとのつながりを深めるためのシステム。

イモヅル式解説

SoE〈=Systems of Engagement〉は，グループウェアやSNSなどを通じて顧客との接点を増やし，そのつながり（engagement）や関係性などを深めるための仕組み（**ウ**）の総称である。

ア 可用性，拡張性，セキュリティを確保しながら，情報システムを稼働・運用するためのハードウェアとソフトウェアから構成されるシステム基盤は，**ハイアベイラビリティシステム**である。

イ 社内の業務プロセスに組み込まれ，定型業務を処理し，結果を記録することで省力化を実現するシステムは，定型業務をソフトウェアで自動処理する**RPA**〈=Robotic Process Automation〉である。

エ 日々の仕訳伝票を入力したうえで，データの改ざんや消失を防ぎながら記録し，財務報告などの基幹業務を行うシステムは，**SoR**〈=Systems of Record〉などである。なお，蓄積された情報を通じて，有用な洞察を獲得するシステムを**SoI**〈=System of Insight〉という。

正解 **ウ**

Q181 システム管理基準（平成16年）によれば，情報戦略策定段階の成果物はどれか。

ア 関連する他の情報システムと役割を分担し，組織体として最大の効果を上げる機能を実現するために，全体最適化計画との整合性を考慮して策定する開発計画

イ 経営戦略に基づいて組織体全体で整合性及び一貫性を確保した情報化を推進するために，方針及び目標に基づいて策定する全体最適化計画

ウ 情報システムの運用を円滑に行うために，運用設計及び運用管理ルールに基づき，さらに規模，期間，システム特性を考慮して策定する運用手順

エ 組織体として一貫し，効率的な開発作業を確実に遂行するために，組織体として標準化された開発方法に基づいて策定する開発手順

サクッと正解

情報戦略策定段階の成果物は，**全体最適化計画**である。

イモヅル式解説

経営戦略に基づいて，組織全体で整合性と一貫性を確保した情報化を推進するために，方針と目標に基づいて策定する全体最適化計画（**イ**）は，情報化投資の原則を定める情報戦略策定段階の成果物である。

ア 関連する情報システムと役割を分担し，組織として効果を最大化する機能を実現するために，全体最適化計画との整合性を考慮して策定する開発計画は，企画業務段階における成果物である。

ウ 情報システムを円滑に運用するために，運用設計と運用管理ルールに基づいて策定する運用手順は，運用業務段階における成果物である。

エ 組織として一貫し，効率的な開発作業を確実に遂行するために，組織で標準化された開発方法に基づいて策定する開発手順は，開発業務段階での成果物である。

正解 **イ**

Q182

ある企業が，AIなどの情報技術を利用した**自動応答システムを導入して，コールセンタにおける顧客対応を無人化**しようとしている。この企業が，**システム化構想の立案プロセス**で行うべきことはどれか。

ア AIなどの情報技術の動向を調査し，顧客対応における省力化と品質向上など，競争優位を生み出すための情報技術の利用方法について分析する。

イ AIなどを利用した自動応答システムを構築する上でのソフトウェア製品又はシステムの信頼性，効率性など品質に関する要件を定義する。

ウ 自動応答に必要なシステム機能及び能力などのシステム要件を定義し，システム要件を，AIなどを利用した製品又はサービスなどのシステム要素に割り当てる。

エ 自動応答を実現するソフトウェア製品又はシステムの要件定義を行い，AIなどを利用した実現方式やインタフェース設計を行う。

サクッと正解

システム化構想の**立案プロセス**では，情報技術の利用方法の分析などを行う。

イモヅル式解説

共通フレーム2013では，システムライフサイクルを**企画**，**要件定義**，**開発**，**運用**，**保守**の5つのプロセスに分け，各プロセスで実施されるべき作業を定義している。システム化構想の立案は，**企画プロセス**を構成するアクティビティの1つである。情報技術の動向を調査し，競争優位を生み出す利用方法を分析する（**ア**）ことは，企画プロセスのシステム化構想の**立案プロセス**で行うことである。

品質の要件を定義する（**イ**）ことは，**開発プロセス**のソフトウェア要件定義プロセスで行うことである。システム要件をシステム要素に割り当てる（**ウ**），実現方式やインタフェース設計を行う（**エ**）ことは，**システム方式設計**や**ソフトウェア方式設計**で行われる。

正解　**ア**

Q183

クラウドサービスの利用手順を，"利用計画の策定"，"クラウド事業者の選定"，"クラウド事業者との契約締結"，"クラウド事業者の管理"，"サービスの利用終了"としたときに，"利用計画の策定"において，利用者が実施すべき事項はどれか。

ア クラウドサービスの利用目的，利用範囲，利用による期待効果を検討し，クラウドサービスに求める要件やクラウド事業者に求めるコントロール水準を定める。

イ クラウド事業者がSLAなどを適切に遵守しているかモニタリングし，また，自社で構築しているコントロールの有効性を確認し，改善の必要性を検討する。

ウ クラウド事業者との間で調整不可となる諸事項については，自社による代替策を用意した上で，クラウド事業者との間でコントロール水準をSLAなどで合意する。

エ 複数あるクラウド事業者のサービス内容を比較検討し，自社が求める要件及びコントロール水準が充足できるかどうかを判定する。

サクッと正解

「利用計画の策定」で実施すべき事項の1つは，期待効果を検討し，サービスに求める要件やレベルなどを定めることである。

イモヅル式解説

クラウドサービスの利用目的，利用範囲，利用による期待効果などを検討し，求める要件やコントロール水準を定める（**ア**）ことは，クラウドサービスの期待効果を検討している段階であることから，**利用計画の策定**において実施すべき事項である。

SLA〈＝Service Level Agreement〉〔➡Q158〕遵守の確認など（**イ**）は，稼働後に**クラウド事業者の管理**で実施すべき事項である。コントロール水準をSLAなどで合意する（**ウ**）のは，**クラウド事業者との契約締結**で実施すべき事項である。クラウド事業者のサービス内容を検討する（**エ**）のは，**クラウド事業者の選定**で実施すべき事項である。

正解　**ア**

Q184

経済産業省が取りまとめた"デジタル経営改革のための評価指標（DX推進指標）"によれば，DXを実現する上で基盤となるITシステムの構築に関する指標において，"ITシステムに求められる要素"について経営者が確認すべき事項はどれか。

ア ITシステムの全体設計や協働できるベンダーの選定などを行える人材を育成・確保できているか。

イ 環境変化に迅速に対応し，求められるデリバリースピードに対応できるITシステムとなっているか。

ウ データ処理において，リアルタイム性よりも，ビッグデータの蓄積と事後の分析が重視されているか。

エ データを迅速に活用するために，全体最適よりも，個別最適を志向したITシステムとなっているか。

サクッと正解

ITシステムに求められる要素の1つは，変化に迅速に対応すること。

イモヅル式解説

「DX推進指標」の「ITシステム構築の枠組みに関する定性指標」によれば，ITシステムに求められる主な要素は次の3つ。

データ活用	リアルタイムなど，データを使いたい形式で使えるITシステムとなっているか。
スピード・アジリティ	環境変化に迅速に対応し，求められる**デリバリースピード**に対応できるITシステムとなっているか（**イ**）。
全社最適	部門を超えてデータを活用し，**バリューチェーン**〔➡Q192〕全体で価値創出ができるようなITシステムとなっているか。

ア 人材の育成・確保は，ガバナンス・体制に求められる要素である。

ウ リアルタイム性など，使いたい形式で使えることが求められる。

エ 個別最適ではなく全社最適を踏まえたITシステムが求められる。

正解　**イ**

Q185 ビッグデータを有効活用し，事業価値を生み出す役割を担う専門人材である**データサイエンティストに求められるスキルセット**を表の3つの領域と定義した。**データサイエンス力**に該当する具体的なスキルはどれか。

データサイエンティストに求められるスキルセット

ビジネス力	課題の背景を理解した上で，ビジネス課題を整理・分析し，解決する力
データサイエンス力	人工知能や統計学などの情報科学に関する知識を用いて，予測，検定，関係性の把握及びデータ加工・可視化する力
データエンジニアリング力	データ分析によって作成したモデルを使えるように，分析システムを実装，運用する力

ア 扱うデータの規模や機密性を理解した上で，分析システムをオンプレミスで構築するか，クラウドサービスを利用して構築するかを判断し，設計できる。

イ 事業モデル，バリューチェーンなどの特徴や事業の主たる課題を自力で構造的に理解でき，問題の大枠を整理できる。

ウ 分散処理のフレームワークを用いて，計算処理を複数サーバに分散させる並列処理システムを設計できる。

エ 分析要件に応じ，決定木分析，ニューラルネットワークなどのモデリング手法の選択，モデルへのパラメタの設定，分析結果の評価ができる。

サクッと正解

データサイエンティストのデータサイエンス力の1つは，**モデリング手法の選択や分析結果の評価**などができる能力である。

イモヅル式解説

分析システムを**オンプレミス**で構築するか**クラウドサービス**を利用して構築するかの判断（**ア**）や，並列処理システムを設計する能力（**ウ**）などは，**データエンジニアリング力**に該当する。

事業モデルや**バリューチェーン**〔→Q192〕などの特徴や課題を理解して整理する能力（**イ**）は，**ビジネス力**に該当する。

正解　**エ**

Q186 半導体メーカが行っている**ファウンドリサービス**の説明として，適切なものはどれか。

ア　商号や商標の使用権とともに，一定地域内での商品の独占販売権を与える。

イ　自社で半導体製品の企画，設計から製造までを一貫して行い，それを自社ブランドで販売する。

ウ　製造設備をもたず，半導体製品の企画，設計及び開発を専門に行う。

エ　他社からの製造委託を受けて，半導体製品の製造を行う。

サクッと正解

ファウンドリサービスとは，他社から委託を受けて半導体製品の製造を行う業態のこと。

イモヅル式解説

ファウンドリサービスは，半導体チップを製造する専門企業が，他社から委託を受けて製造を行う（**エ**）業態である。自社で製造設備をもたない**ファブレス**や最小限の製造規模しかない**ファブライト**などが開発した半導体チップを，設計データに沿って製造する。

ア　商号や商標の使用権とともに，一定地域内での商品の独占販売権を与えるのは，**IPプロバイダ**である。

イ　企画から製造までを行い，自社ブランドで販売するのは，垂直統合型デバイスメーカの**IDM**〈＝Integrated Device Manufacturer〉。

ウ　製造設備をもたず，半導体製品の企画，設計および開発を専門に行うのは，**ファブレス**である。

ちょっと深掘り IP

アのIPプロバイダのIP〈＝Intellectual Property〉とは知的財産のこと。発明，考案，意匠，著作など人間の創造的活動により生み出されるものや，商標，商号その他事業活動に用いられる商品または役務を表示するもの，および営業秘密その他の事業活動に有用な技術上または営業上の情報である。

正解　**エ**

Q187 情報システムの調達の際に作成されるRFIの説明はどれか。

ア 調達者から供給者候補に対して，システム化の目的や業務内容などを示し，必要な情報の提供を依頼すること

イ 調達者から供給者候補に対して，対象システムや調達条件などを示し，提案書の提出を依頼すること

ウ 調達者から供給者に対して，契約内容で取り決めた内容に関して，変更を要請すること

エ 調達者から供給者に対して，双方の役割分担などを確認し，契約の締結を要請すること

サクッと正解

RFIとは，調達者から供給者候補に対して，システム化の目的や業務内容などを示し，情報の提供を依頼する書類。

イモヅル式解説

RFI〈=Request For Information〉は，調達者（ユーザ）の要件を実現するために，現状で利用可能な製品や技術，供給者（ベンダ）候補の導入実績などの実現手段に関する情報の提供を，調達者から供給者候補に依頼する（**ア**）ための**情報提供依頼書**である。

イ 調達者から供給者候補に対して，対象システムや調達条件などを示し，提案書の提出を依頼する**提案依頼書**は，**RFP**〈=Request For Proposal〉である。

ウ 調達者から供給者に対して，契約で取り決めた内容の変更を要請する**変更要求書**は，**RFC**〈=Request For Change〉である。

エ 調達者から供給者に対して，双方の役割分担などを確認する**作業範囲記述書**は，**SOW**〈=Statement Of Work〉である。

なお，調達者が供給者候補に対して求める見積依頼書は，**RFQ**〈=Request For Quotation〉と呼ばれる。

正解　**ア**

Q188 次に示す**グリーン購入基本原則**の"製品・サービスのライフサイクルの考慮"に該当する購入例はどれか。

〔グリーン購入基本原則〕

1. 必要性の考慮：購入する前に必要性を十分に考える。
2. 製品・サービスのライフサイクルの考慮：資源採取から廃棄までの製品ライフサイクルにおける多様な環境負荷を考慮して購入する。
3. 事業者の取組の考慮：環境負荷の低減に努める事業者から製品・サービスを優先して購入する。
4. 環境情報の入手・活用：製品・サービスや事業者に関する環境情報を積極的に入手・活用して購入する。

ア 環境マネジメントシステムを導入し，環境方針，環境対応の責任体制などを定め，環境改善に取り組んでいる企業を，重要な購入先として指定する。

イ 環境や人の健康に悪影響を与えるような物質の使用や排出が削減されており，リユースやリサイクルが可能な製品を選定する。

ウ 製品の購入に当たっては，遊休資産となっている製品や使用頻度が少ない製品の活用などの代替策を検討した上で判断をする。

エ 複数の製品を環境配慮や環境保全効果などの視点で比較するために，製品紹介のWebページ，カタログなどに示されている環境表示を参考にする。

サクッと正解

　グリーン購入基本原則の"製品・サービスのライフサイクルの考慮"には，環境や人への影響を考慮し，リユースやリサイクルが可能な製品を選定することが該当する。

イモヅル式解説

　グリーン購入基本原則は，グリーン購入を自主的かつ積極的に進めようとする個人や組織の役に立つよう，様々な製品やサービスのグリーン購入に共通する基本的な考え方をまとめたものである。

正解　**イ**

Q189

業務改善の4原則としてのEliminate，Combine，Rearrange，Simplifyは，業務改善を実現する上での視点を示すものである。次の業務改善例のうち，**Rearrangeを適用したもの**はどれか。

ア 経費精算申請業務において，決裁に不要な人を申請フローから外し，決裁までに要する時間を短縮した。

イ 商品配送ルートを可視化した結果，移動距離の無駄が発見された。そこで，配送順を入れ替えることで，1日に配送できる件数を向上させた。

ウ 表計算ソフト上で各項目を手入力していたが，1つの項目を入力すれば他の関連項目が自動計算できるように関数を設定し，作業効率を向上させた。

エ 複数部門が集まる会議の議事録を，各部門のスタッフが，それぞれ独自に作成していた。各部門での作成をやめ，代表者1名が作成し，部門間で共有した。

サクッと正解

業務改善の4原則は，①排除，②結合，③再配置，④簡素化。

イモヅル式解説

業務改善の4原則は次のとおり。

Eliminate（排除）	不必要な手順や工程を取り除き，無駄を削減する。決裁に不要な人を申請フローから外す（**ア**）など。
Combine（結合）	複数の手順や工程をまとめることで，作業の重複を減らし，効率的な業務プロセスをつくり出す。代表者が議事録を作成して部門間で共有する（**エ**）など。
Rearrange（再配置）	作業の順序や配置を見直し，最適な流れをつくる。移動距離の無駄を排して配送順を入れ替える（**イ**）など。
Simplify（簡素化）	複雑な作業や手順を簡素化することで，業務をスムーズに進め，エラーの発生を防ぐ。表計算ソフトの自動計算により作業効率を向上させる（**ウ**）など。

正解 **イ**

Q190 BABOKの説明はどれか。

ア ソフトウェア品質の基本概念，ソフトウェア品質マネジメント，ソフトウェア品質技術の3つのカテゴリから成る知識体系

イ ソフトウェア要求，ソフトウェア設計，ソフトウェア構築，ソフトウェアテスティング，ソフトウェア保守など10の知識エリアから成る知識体系

ウ ビジネスアナリシスの計画とモニタリング，引き出し，要求アナリシス，基礎コンピテンシなど7つの知識エリアから成る知識体系

エ プロジェクトマネジメントに関するスコープ，タイム，コスト，品質，人的資源，コミュニケーション，リスクなど9つの知識エリアから成る知識体系

サクッと正解

BABOKは，ビジネスアナリシスの計画とモニタリング，引き出しなど，7つの知識エリアから成る知識体系である。

イモツル式解説

BABOK〈=Business Analysis Body of Knowledge〉は，ビジネスを成功に導くために必要なタスクやテクニックを集めたビジネスアナリシスの計画など，7つの知識エリアから構成される知識体系ガイド（**ウ**）である。

SQuBOK〈=Software Quality Body of Knowledge〉	ソフトウェア品質の知識体系。基本概念，マネジメント，技術の3つのカテゴリから成る（**ア**）。
SWEBOK〈=Software Engineering Body of Knowledge〉	ソフトウェアエンジニアリングの知識体系。要求，設計，構築，テスティング，保守などの10の知識エリアから成る（**イ**）。
PMBOK〈=Project Management Body of Knowledge〉〔➡Q142〕	プロジェクトマネジメントに関するスコープ，コスト，品質，コミュニケーション，リスクなどの知識エリアから成る知識体系（**エ**）。

📖 イモツル復習問題 ➡ Q142

正解 **ウ**

Q191 システム開発委託契約の委託報酬における**レベニューシェア契約**の特徴はどれか。

ア 委託側が開発するシステムから得られる収益とは無関係に開発に必要な費用を全て負担する。

イ 委託側は開発するシステムから得られる収益に関係無く定額で費用を負担する。

ウ 開発するシステムから得られる収益を委託側が受託側にあらかじめ決められた配分率で分配する。

エ 受託側は継続的に固定額の収益が得られる。

サクッと正解

レベニューシェア契約は，得られる収益を委託側が受託側にあらかじめ決められた配分率で分配する契約である。

イモヅル式解説

レベニューシェア契約とは，レベニュー（収入・収益）をシェア（分配・分担）する契約のこと。**システム開発委託契約**の委託報酬では，開発するシステムから得られる収益を，開発を依頼する委託側が，開発を担う受託側に，あらかじめ決められた配分率で分配する（**ウ**）契約である。

委託側からすると，開発にかかる**初期の委託金**を抑えることができ，収益が上がらない場合のリスクを小さくなる。受託側からすると，よいシステムを完成させて収益が上がれば，受託側の報酬も高くなるため，業務へのモチベーションが向上しやすくなる。

ア 委託側が開発するシステムから得られる収益とは無関係に開発に必要な費用をすべて負担する**実費償還契約**は，レベニューシェア契約とは異なる。

イ レベニューシェア契約は，委託側は開発するシステムから得られる収益に関係なく，定額で費用を負担する定額制ではない。

エ レベニューシェア契約は，受託側が継続的に固定額の収益が得られるのではなく，**収益に応じて変動**する契約である。

正解　**ウ**

でる度 ★★★

Q192

企業の事業活動を機能ごとに**主活動**と**支援活動**に分け、企業が顧客に提供する製品や**サービスの利益**が、**どの活動で生み出されているかを分析**する手法はどれか。

ア 3C分析
イ SWOT分析
ウ バリューチェーン分析
エ ファイブフォース分析

サクッと正解

利益がどの活動で生み出されているかを分析する手法の1つは、**バリューチェーン分析**である。

イモヅル式解説

バリューチェーン分析（**ウ**）は、業務を、購買物流、製造、出荷物流、販売・マーケティング、サービスという5つの主活動と、人事・労務管理などの4つの支援活動に分類し、活動において生み出された価値の流れを可視化する手法である。

3C分析（**ア**）	**自社**（**Company**）、**顧客**（**Customer**）、**競合他社**（**Competitor**）の3つの観点から自社の経営環境を分析する手法。
SWOT分析（**イ**）	内部環境の**Strength**（**強み**）と**Weakness**（**弱み**）、外部環境の**Opportunity**（**機会**）と**Threat**（**脅威**）の4つの視点で評価し、企業を取り巻く環境を分析する手法。
ファイブフォース分析（**エ**）	競争要因を、新規参入の脅威、売り手の交渉力、買い手の交渉力、代替品の脅威、競合企業の敵対関係の5つのカテゴリに分類し、収益性と競争優位性を評価する手法。
CFT分析	製品やサービスを、どの**顧客**（**Customer**）に、どの**機能**（**Function**）を、どの**技術**（**Technology**）で提供するかを分析して事業領域を明確にする手法。

正解 **ウ**

Q193

コアコンピタンスに該当するものはどれか。

ア　主な事業ドメインの高い成長率
イ　競合他社よりも効率性が高い生産システム
ウ　参入を予定している事業分野の競合状況
エ　収益性が高い事業分野での市場シェア

サクッと正解

コアコンピタンスとは，競合他社が容易に真似できない，自社の優れた経営資源のこと。

イモヅル式解説

コアコンピタンスは，競争優位の源泉となる，他社よりも優越した自社独自の能力や技術などの強みである。競合他社より効率性が高い生産システム（**イ**）は，コアコンピタンスに該当する。

経営に関連する用語をまとめて覚えよう。

セグメンテーション戦略	市場を複数のセグメントに細分化し，そのなかのいくつかのセグメントに対し，ニーズに合った製品またはマーケティングミックス〔➡Q195〕を展開する経営の戦略や考え方。
PLM〈=Product Lifecycle Management〉	製品開発，製造，販売，保守，リサイクルに至る製造業のプロセスにおいて，製品に関連する情報を一元管理し，品質向上やコスト低減などを図る経営管理の手法や考え方。
ロングテール	販売数の少ない製品群の売上合計に着目する経営の戦略や考え方。アイテム数を豊富に揃えることが顧客総数を増やすことにつながると考えられ，特にそうしたあまり売れない製品群の売上合計が，売上全体に対して高い割合を占めている場合に有効である。商品陳列スペースの問題が生じないインターネット販売では実現可能とされている。

正解　**イ**

Q194 コンジョイント分析の説明はどれか。

ア 顧客ごとの売上高，利益額などを高い順に並べ，自社のビジネスの中心をなしている顧客を分析する手法

イ 商品がもつ価格，デザイン，使いやすさなど，購入者が重視している複数の属性の組合せを分析する手法

ウ 同一世代は年齢を重ねても，時代が変化しても，共通の行動や意識を示すことに注目した，消費者の行動を分析する手法

エ ブランドがもつ複数のイメージ項目を散布図にプロットし，それぞれのブランドのポジショニングを分析する手法

サクッと正解

コンジョイント分析は，購入者が重視している複数の属性の組合せを分析する手法である。

イモヅル式解説

コンジョイント分析は，商品がもつ価格，デザイン，使いやすさなどの複数の属性について，購入者の重視する属性の組合せを定量的に分析するマーケティング手法（**イ**）である。

ア 顧客ごとの売上高，利益額などを高い順に並べ，重要度を分析する手法は，**パレート分析**や**ABC分析**である。

ウ 特定の時期に生まれた人の行動や意識，生活，価値観などをもとに消費の動向を分析する手法は，**コーホート分析**である。

エ 複数の項目を散布図にプロットするなど，多次元のデータを視覚化して関連性やポジショニングを分析する手法は，**コレスポンデンス分析**などである。

正解 **イ**

Q195

施策案a～dのうち、**利益が最も高くなるマーケティングミックス**はどれか。ここで、広告費と販売促進費は固定費とし、1個当たりの変動費は1,000円とする。

ア a
イ b
ウ c
エ d

施策案	価格	広告費	販売促進費	売上数量
a	1,600円	1,000千円	1,000千円	12,000個
b	1,600円	1,000千円	5,000千円	20,000個
c	2,400円	1,000千円	1,000千円	6,000個
d	2,400円	5,000千円	1,000千円	8,000個

サクッと正解

「1個当たりの利益×売上数量－広告費－販売推進費」で各施策から得られる利益を計算する。

イモヅル式解説

マーケティングミックスは、**製品（Product）**、**価格（Price）**、**流通（Place）**および**販売促進（Promotion）**の各要素を検討し、複数のマーケティング戦略を組み合わせる考え方である。

次の計算から、施策案c（**ウ**）の利益が最も高くなることがわかる。

施策案a：1個当たりの利益＝1,600－**1,000**＝**600**円／個
　　1個当たりの利益×売上数量＝600×12,000＝**7,200**千円
　　利益－広告費－販売推進費＝7,200－1,000－1,000＝**5,200**千円

施策案b：1個当たりの利益＝1,600－**1,000**＝**600**円／個
　　1個当たりの利益×売上数量＝600×20,000＝**12,000**千円
　　利益－広告費－販売推進費＝12,000－1,000－5,000＝**6,000**千円

施策案c：1個当たりの利益＝2,400－**1,000**＝**1,400**円／個
　　1個当たりの利益×売上数量＝1,400×6,000＝**8,400**千円
　　利益－広告費－販売推進費＝8,400－1,000－1,000＝**6,400**千円

施策案d：1個当たりの利益＝2,400－**1,000**＝**1,400**円／個
　　1個当たりの利益×売上数量＝1,400×8,000＝**11,200**千円
　　利益－広告費－販売推進費＝11,200－5,000－1,000＝**5,200**千円

正解　**ウ**

Q196

プロダクトポートフォリオマネジメント（PPM）マトリックスのa，bに入れる語句の適切な組合せはどれか。

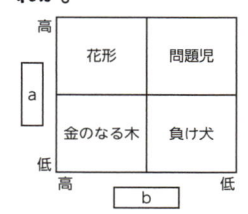

	a	b
ア	売上高利益率	市場占有率
イ	市場成長率	売上高利益率
ウ	市場成長率	市場占有率
エ	市場占有率	市場成長率

3 ストラテジ系

サクッと正解

PPMとは，市場成長率と市場占有率で分析を行うフレームワーク。

イモヅル式解説

プロダクトポートフォリオマネジメント〈＝PPM〉は，**市場成長率**（a）と**市場占有率**（b）から，事業への経営資源の最適な配分を検討するための手法である。

花形（Star）	市場成長率，市場占有率ともに高い製品。成長に伴う投資も必要で，**資金創出効果**が大きいとは限らない。
金のなる木（Cash Cow）	市場成長率は低いが，市場占有率は高い製品。資金創出効果が大きく，企業の柱となる資金源である。
問題児（Problem Child）	市場成長率は高いが，市場占有率が低い製品。将来性は見込めるが，資金創出効果の大きさはわからない。
負け犬（Dog）	市場成長率，市場占有率ともに低い製品。資金創出効果は小さく，資金流出量も少ない。撤退も検討すべき。

正解　**ウ**

Q197

多角化戦略のうち，**M&Aによる垂直統合**に該当するものはどれか。

ア　銀行による保険会社の買収・合併
イ　自動車メーカによる軽自動車メーカの買収・合併
ウ　製鉄メーカによる鉄鋼石採掘会社の買収・合併
エ　電機メーカによる不動産会社の買収・合併

サクッと正解

垂直統合は，サプライチェーンに沿った工程に取り込むことで，事業領域を拡大する戦略である。

イモヅル式解説

多角化とは，自社にとっての新しい市場に対し，自社の新製品や新事業により拡大を図る戦略のこと。**M&A**は，合併（Mergers）と買収（Acquisitions）の意味で，合併や買収などにより他社を統合することである。

垂直統合は，製鉄メーカによる鉄鋼石採掘会社の買収・合併（**ウ**）のように，企業が**バリューチェーン**〔➡Q192〕や**サプライチェーン**に沿った工程を取り込むことで，事業領域を拡大する戦略である。

水平統合は，銀行による保険会社の買収・合併（**ア**）や自動車メーカによる軽自動車メーカの買収・合併（**イ**）のように，同一または類似の業種を取り込むことで，事業規模を拡大する戦略である。なお，電機メーカによる不動産会社の買収・合併（**エ**）は，異業種への参入であり，垂直統合や水平統合に該当しない**集成型（コングロマリット型）**の多角化戦略である。

ちょっと深掘り　成長マトリクス

多角化などの戦略を分析する手法にアンゾフの成長マトリクスがある。これは事業の成長戦略を，製品（既存・新規）と市場（既存・新規）の2軸により，市場浸透，市場開発，製品開発，多角化の４象限で分類する手法である。

イモヅル復習問題　➡ Q177，Q192　　　正解　**ウ**

でる度 ★★★

Q198 企業の競争戦略における**フォロワ戦略**はどれか。

ア 上位企業の市場シェアを奪うことを目標に，製品，サービス，販売促進，流通チャネルなどのあらゆる面での差別化戦略をとる。

イ 潜在的な需要がありながら，大手企業が参入してこないような専門特化した市場に，限られた経営資源を集中する。

ウ 目標とする企業の戦略を観察し，迅速に模倣することで，開発や広告のコストを抑制し，市場での存続を図る。

エ 利潤，名声の維持・向上と最適市場シェアの確保を目標として，市場内の全ての顧客をターゲットにした全方位戦略をとる。

3

ストラテジ系

サクッと正解

フォロワ戦略は，目標とする企業を模倣することで，コストを抑制し，市場での存続を図る戦略である。

イモヅル式解説

コトラーの**競争地位戦略**に関する設問である。企業をシェアの大小に着目して4つに類型化し，競争地位に応じた企業の戦略目標を示した理論である。**フォロワ**戦略は，目標とする企業の戦略を観察し，迅速に模倣することで，開発や広告のコストを抑制し，市場での存続を図る（**ウ**）戦略である。

リーダ	最大のシェアをもつ企業。利潤，名声の維持・向上と，最適市場シェアの確保を目標として，市場内のすべての顧客をターゲットにした全方位戦略をとる（**エ**）。
チャレンジャ	上位企業の市場シェアを奪うことを目標に，製品，サービス，販売促進，流通チャネルなど，あらゆる面での差別化戦略をとる（**ア**）。
ニッチャ	潜在的な需要がありながら，大手企業が参入してこないような専門特化した市場に，限られた経営資源を集中する（**イ**）。

正解 **ウ**

Q199 ベンチマーキングを説明したものはどれか。

ア 企業内に散在している知識を共有化し，全体の問題解決力を高めていく経営を行う。

イ 迅速な意思決定のために，組織の階層をできるだけ少なくしたフラット型の組織構造によって経営を行う。

ウ 優れた業績を上げている企業などとの比較分析を行い，結果を自社の経営革新に活用する。

エ 他社にはまねのできない，企業独自のノウハウや技術などの強みを核とした経営を行う。

サクッと正解

ベンチマーキングとは，優れた業績を上げている企業との比較分析を行う手法のこと。

イモヅル式解説

ベンチマーキングは，優れた業績を上げている企業と自社の現状との比較分析から，自社の経営革新を行う（**ウ**）経営手法である。

経営手法に関する用語をまとめて覚えよう。

ナレッジマネジメント	企業内に散在している，個人のもつノウハウや知識などの知的資産を共有し，全体の問題解決を高める経営を行う（**ア**）手法。
フラット型組織	迅速な意思決定のために，管理職などの組織の階層をできるだけ少なくしたフラット型の組織構造によって経営を行う（**イ**）手法。
コアコンピタンス経営	競合他社が容易にまねのできない，企業独自のノウハウや技術などの強みである**コアコンピタンス**〔➡Q193〕を活用した経営を行う（**エ**）経営手法。
SL理論〈=Situational Leadership Theory〉〔➡Q217〕	ハーシィとブランチャードが提唱するリーダシップ理論。リーダシップの有効性は部下の成熟（自律性）の度合いなどの状況要因に依存するという考え方。

イモヅル復習問題 ➡Q193　　正解 **ウ**

Q200 バックキャスティングの説明として，適切なものはどれか。

ア　システム開発において，先にプロジェクト要員を確定し，リソースの範囲内で優先すべき機能から順次提供する開発手法

イ　前提として認識すべき制約を受け入れた上で未来のありたい姿を描き，予想される課題や可能性を洗い出し解決策を検討することによって，ありたい姿に近づける思考方法

ウ　組織において，下位から上位への発議を受け付けて経営の意思決定に反映するマネジメント手法

エ　投資戦略の有効性を検証する際に，過去のデータを用いてどの程度の利益が期待できるかをシミュレーションする手法

サクッと正解

バックキャスティングは，未来の理想像を描き，そこから逆算して現在の行動計画を立てる方法。

イモヅル式解説

バックキャスティングは，前提として認識すべき制約を受け入れた上で，未来のありたい姿を描き，予想される課題や可能性を洗い出し，解決策を検討することによって，ありたい姿に近づける思考方法（**イ**）である。

ア　システム開発において，先にプロジェクト要員を確定し，リソースの範囲内で優先すべき機能から順次提供する開発手法は，**アジャイル開発**〔→Q134〕である。

ウ　組織において，下位から上位への発議を受け付け，経営の意思決定に反映するマネジメント手法は，**ボトムアップ型マネジメント**である。

エ　投資戦略の有効性を検証する際に，過去のデータを用いてどの程度の利益が期待できるかをシミュレーションする手法は，**バックテスト**である。

イモヅル復習問題 ⇒ Q134，Q135　　　　　　　　　正解　**イ**

Q201

企業における研究，開発，事業化，そして産業化へとステージが移行する過程の中で，**事業化から産業化に移行するときの，競合製品との競争過程にある障壁を何と呼ぶか。**

ア　キャズム　　　　イ　死の谷
ウ　ダーウィンの海　エ　魔の川

サクッと正解

企業の事業の事業化から産業化へ移行する過程にある障壁は，**ダーウィンの海**である。

イモヅル式解説

ダーウィンの海は，企業が事業展開を行う上で，研究，開発，事業化，産業化へとステージが移行する過程の中で，事業化から産業化に移行するときの，競合製品との競争過程にある**障壁**のことである。

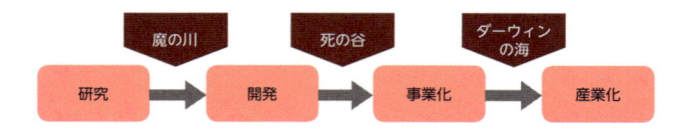

ア　**キャズム**は，新しい製品や技術などが，**イノベータ理論**における**アーリーアダプタ**（初期採用者）から**アーリーマジョリティ**（前期追随者）に普及する際に直面する，乗り越えるのが困難とされる障壁のことである。

イ　**死の谷**は，開発と事業化の間にある障壁のこと。新しい研究や開発などの成果が，事業に結びつかない状況である。

エ　**魔の川**は，研究と開発の間にある障壁のこと。ニーズや技術の変化，競合の脅威などで研究から開発に結びつけられない状況である。

正解　**ウ**

Q 202 コ・クリエーション戦略の特徴はどれか。

ア 企業の営業部門と製造部門が協働し，特定の商品・サービスに限定して，徹底的に自前主義にこだわることによって強みを発揮する。

イ 顧客が自らのアイデアを商品の仕様に具体的に落とし込み，企業に製品を製造してもらう。

ウ 顧客や企業ネットワークの力を活用し，商品・サービスだけでなく，顧客の経験までを含めて差別化可能な価値を創造する。

エ 自社に不足する経営資源をM&Aによって強化し，従来にない価値をより素早く創造する。

サクッと正解

コ・クリエーション戦略とは，顧客や他企業などとともに新しい価値を創造する戦略のこと。

イモヅル式解説

コ・クリエーション戦略は，企業や組織が，顧客やパートナー，従業員などのステークホルダーと協力し，製品やサービスを共同で創造・開発する戦略である。顧客や企業のネットワークの力を活用し，多様な視点やアイデアを取り入れることで**イノベーション**〔➡Q204〕を促進し，商品・サービスだけではなく顧客の経験なども含めて差別化可能な価値を創造する（**ウ**）ことを目指す。

ア 特定の商品・サービスに限定したり，自前の知見や技術を駆使したりすることで競争力を高める戦略は，**クローズ戦略**である。

イ 顧客が商品の具体的な仕様を決め，企業に製品を製造してもらうことは，**オーダーメイド**や**カスタムメイド**，あるいは**OEM**〈= Original Equipment Manufacturer〉と呼ばれる手法である。製造のみの委託であり，コ・クリエーション戦略とは異なる。

エ **M&A**〔➡Q197〕は他企業を所有して一体化することになるので，コ・クリエーション戦略とは異なる。

イモヅル復習問題 ➡ Q201　　　　正解 **ウ**

Q203 フィージビリティスタディの説明はどれか。

ア 企業が新規事業立ち上げや海外進出する際の検証，公共事業の採算性検証，情報システムの導入手段の検証など，実現性を調査・検証する投資前評価のこと

イ 技術革新，社会変動などに関する未来予測によく用いられ，専門家グループなどがもつ直観的意見や経験的判断を，反復型アンケートを使って組織的に集約・洗練して収束すること

ウ 集団（小グループ）によるアイデア発想法の1つで，会議の参加メンバー各自が自由奔放にアイデアを出し合い，互いの発想の異質さを利用して，連想を行うことによって，さらに多数のアイデアを生み出そうという集団思考・発想法のこと

エ 商品が市場に投入されてから，次第に売れなくなり姿を消すまでのプロセスを，導入期，成長期，成熟（市場飽和）期，衰退期の4段階で表現して，その市場における製品の寿命を検討すること

サクッと正解

フィージビリティスタディは，実現性を判断する投資前評価である。

イモヅル式解説

フィージビリティスタディとは，事業立ち上げや海外進出など，事業の実現性を事前に調査・検証し，評価することである。

イ 未来予測に用いられ，専門家グループなどがもつ直観的意見や経験的判断を，**反復型アンケート**を使って組織的に集約・洗練して収束する手法は，**デルファイ法**〔➡Q223〕である。

ウ 集団でアイデアを出し合うことで多様な発想を促す手法は，**ブレーンストーミング**である。

エ 商品の市場投入から，売れなくなって姿を消すまでのプロセスを，導入期，成長期，成熟（市場飽和）期，衰退期の4段階で表現して検討する手法は，**プロダクトライフサイクル**である。

イモヅル復習問題 ➡Q188　　　　　　　　正解　ア

でる度 ★★★

Q 204

オープンイノベーションに関する事例として，適切なものはどれか。

ア 社外からアイデアを募集し，新サービスの開発に活用した。
イ 社内の製造部と企画部で共同プロジェクトを設置し，新規製品を開発した。
ウ 物流システムを変更し，効率的な販売を行えるようにした。
エ ブランド向上を図るために，自社製品の革新性についてWebに掲載した。

3

ストラテジ系

サクッと正解

オープンイノベーションは，社外からのアイデアを新サービスの開発に活用することが事例の1つに該当する。

イモヅル式解説

イノベーションとは，技術革新だけではなく，新しい製品や生産方法，新しい組織や業務プロセスなども表す。**オープンイノベーション**は，自社だけではなく，他社や研究機関，自治体など，異分野のもつ知見や技術を組み合わせ，革新的な成果を得ようとするイノベーションの方法論である。

社外からアイデアを募集し，新サービスの開発に活用した（**ア**）ことは，オープンイノベーションの事例になる。

イ 社内の製造部と企画部で共同プロジェクトを設置し，新規製品を開発したことは，革新的な製品による**プロダクトイノベーション**の事例である。

ウ 物流システムを変更し，効率的な販売を行えるようにしたことは，革新的な生産方法や新しい流通手段の組合せなどによる**プロセスイノベーション**の事例である。

エ ブランド向上を図るために，自社製品の革新性についてWebに掲載したことは，広報活動の一環であり，**コーポレートブランディング**などの事例である。

イモヅル復習問題 → Q201，Q202

正解 **ア**

Q 205 "技術のSカーブ" の説明として，適切なものはどれか。

ア 技術の期待感の推移を表すものであり，黎明期，流行期，反動期，回復期，安定期に分類される。

イ 技術の進歩の過程を表すものであり，当初は緩やかに進歩するが，やがて急激に進歩し，成熟期を迎えると進歩は停滞気味になる。

ウ 工業製品において生産量と生産性の関係を表すものであり，生産量の累積数が増加するほど生産性は向上する傾向にある。

エ 工業製品の故障発生の傾向を表すものであり，初期故障期間では故障率は高くなるが，その後の偶発故障期間での故障率は低くなり，製品寿命に近づく摩耗故障期間では故障率は高くなる。

サクッと正解

技術のSカーブは，技術が進歩する速度の緩急を表す曲線である。

イモヅル式解説

　技術のSカーブとは，技術の進歩の過程を表す用語。当初は緩やかに進歩するが，やがて急激に進歩し，成熟期を迎えると進歩は停滞する（**イ**）という理論である。

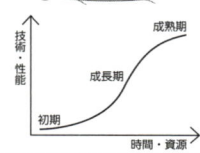

ハイプ曲線	新技術に対する期待感の推移を表す曲線。黎明期，流行期，反動期，回復期，安定期に分類（**ア**）。
経験曲線 （エクスペリエンスカーブ）	工業製品において生産量と生産性の関係を表す曲線。生産量の累積数が増加するほど1つ当たりのコストが下がり，生産性が向上する傾向を示す（**ウ**）。
バスタブ曲線	工業製品の故障発生の傾向を表す曲線。初期故障期では故障率が高くなるが，その後の偶発故障期で故障率が低くなり，経年劣化が進み，製品寿命が近づく摩耗故障期で再び故障率が高くなることを示す（**エ**）。

正解 **イ**

Q206 TLO (Technology Licensing Organization) の役割として，適切なものはどれか。

ア　TLO自らが研究開発して取得した特許の，企業へのライセンス

イ　企業から大学への委託研究の問合せ及び申込みの受付

ウ　新規事業又は市場への参入のための，企業の合併又は買収の支援

エ　大学の研究成果の特許化及び企業への技術移転の促進

3

ストラテジ系

サクッと正解

TLOの役割は，大学の研究成果の特許化および企業への技術移転の促進である。

イモヅル式解説

TLO〈=Technology Licensing Organization〉は，大学などにおける技術に関連する研究成果を**特許化**し，民間事業者への効率的な移転を促進する機関である。大学の研究成果の特許化および企業への技術移転の促進（**エ**）を担う。

ア　TLOは，研究成果を民間企業にライセンスしたり，ロイヤリティに関する仲介をしたりする役割を担い，自らが研究開発するのではない。

イ　企業からの大学への委託研究，または共同研究を受け入れる窓口として，企業と大学との調整を行うのは，TLOではなく，**産学官連携コーディネータ**の役割である。

ウ　企業の合併または買収の支援などは，TLOの役割ではない。

ちょっと深掘り　リーンスタートアップ

研究・開発の手法の1つとして，最低限の製品・サービスを短期間で製造し，構築，計測，学習というフィードバックループで改良や方向転換を行って，継続的にイノベーションを行う手法をリーンスタートアップという。

正解　**エ**

Q 207 プライスライニング戦略はどれか。

ア 消費者が選択しやすいように，複数の価格帯に分けて商品を用意する。

イ 商品の品質の良さやステータスを訴えるために意図的に価格を高く設定する。

ウ 商品本体の価格を安く設定し，関連消耗品の販売で利益を得る。

エ 新商品に高い価格を設定して早い段階で利益を回収する。

サクッと正解

プライスライニング戦略は，複数の価格帯に分けて商品を用意する戦略である。

イモヅル式解説

プライスライニング戦略は，消費者が選択しやすいように，高価格，中価格，低価格などの価格帯に分ける（**ア**）ことで，ラインナップ全体で利益の最大化を図ろうとする価格設定の戦略である。

威光価格戦略	高級化粧品やブランド品などのように，高品質やステータスを消費者に訴えるため，安売りをせずに意図的に価格を高く設定する（**イ**）戦略。**名声価格**とも呼ばれる。
キャプティブ価格戦略	プリンタとインク，ゲーム機とゲームソフトなどのように，商品本体の価格を安く設定し，関連消耗品の販売で利益を得る（**ウ**）戦略。
スキミングプライス戦略	新商品の市場投入時や導入期に高い価格を設定し，早い段階で利益を回収する（**エ**）戦略。**初期高価格戦略**や**上澄吸収価格戦略**などとも呼ばれる。
ペネトレーションプライス戦略	市場投入時や導入期に低めの価格を設定し，早期に市場シェアの獲得を目指す戦略。

正解　**ア**

Q208 SEOの説明はどれか。

ア ECサイトにおいて，個々の顧客の購入履歴を分析し，新たに購入が見込まれる商品を自動的に推奨する機能

イ Webページに掲載した広告が契機となって商品が購入された場合，売主から成功報酬が得られる仕組み

ウ 検索エンジンの検索結果一覧において自社サイトがより上位にランクされるようにWebページの記述内容を見直すなど様々な試みを行うこと

エ 検索エンジンを運営する企業と契約し，自社の商品・サービスと関連したキーワードが検索に用いられた際に広告を表示する仕組み

サクッと正解

SEOとは，検索エンジンの検索結果一覧で，自社のWebサイトを上位に表示させるための工夫のこと。

イモツル式解説

SEO〈=Search Engine Optimization〉とは，利用者が検索エンジンを使ってキーワード検索を行ったときに，自社のWebサイトを検索結果一覧の上位に表示させるように工夫すること（**ウ**）。

レコメンデーション	ECサイトにおいて，個々の顧客の購入履歴を分析し，新たに購入が見込まれる商品を自動的に推奨する機能（**ア**）。
アフィリエイト	Webページに掲載した広告が契機となり，商品購入や資料請求などの行動が発生した場合，売主や広告主から成功報酬が得られる仕組み（**イ**）。
リスティング広告	検索エンジンを運営する企業と契約し，自社の商品やサービスに関連するキーワードが検索に用いられた際に，広告を表示する（**エ**）**検索連動型広告**の仕組み。

正解 **ウ**

Q209 レコメンデーション（お勧め商品の提案）の例のうち，協調フィルタリングを用いたものはどれか。

ア 多くの顧客の購買行動の類似性を相関分析などによって求め，顧客Aに類似した顧客Bが購入している商品を顧客Aに勧める。

イ カテゴリ別に売れ筋商品のランキングを自動抽出し，リアルタイムで売れ筋情報を発信する。

ウ 顧客情報から，年齢，性別などの人口動態変数を用い，"20代男性"，"30代女性" などにセグメント化した上で，各セグメント向けの商品を提示する。

エ 野球のバットを購入した人に野球のボールを勧めるなど商品間の関連に着目して，関連商品を提示する。

サクッと正解

協調フィルタリングを用いた手法では，顧客の購買行動の類似性を相関分析などで求めてレコメンデーションを行う。

イモヅル式解説

ECサイトにおいて，「おすすめ商品はこちら」などの提案を行う**レコメンデーション**〔→Q208〕機能における**協調フィルタリング**は，類似性のある行動履歴をもつ別の顧客が購入した商品を推奨する（**ア**）ことを基本とした手法である。

イ カテゴリ別に売れ筋商品のランキングを自動抽出し，リアルタイムで売れ筋情報などを発信するのは，流行品や多くの人が所持しているものを欲しいと思う**バンドワゴン効果**を用いたレコメンデーションである。

ウ 年齢や性別などの人口動態変数を用いて顧客をセグメント化して商品を提示するのは，特定の属性ごとに分類する**セグメンテーション**の手法を用いたレコメンデーションである。

エ 野球のバットとボールなどのように，商品間の関連に着目して関連商品を提示するのは，**内容ベース（コンテンツベース）フィルタリング**を用いたレコメンデーションである。

イモヅル復習問題 ⇒ Q208　　　　　　正解　**ア**

Q210

SNSやWeb検索などに関して，イーライ・パリサーが提唱した**フィルタバブル**の記述として，適切なものはどれか。

ア PCやスマートフォンなど，使用する機器の性能やソフトウェアの機能に応じて，利用者は情報へのアクセスにフィルタがかかっており，様々な格差が生じている。

イ SNSで一般のインターネット利用者が発信する情報が増えたことで，Web検索の結果は非常に膨大なものとなり，個人による適切な情報収集が難しくなった。

ウ 広告収入を目的に，事実とは異なるフィルタのかかったニュースがSNSなどを通じて発信されるようになったので，正確な情報を検索することが困難になった。

エ 利用者の属性・行動などに応じ，好ましいと考えられる情報がより多く表示され，利用者は実社会とは隔てられたパーソナライズされた情報空間へと包まれる。

サクッと正解

フィルタバブルとは，情報空間に包まれた感覚になる現象のこと。

イモヅル式解説

フィルタバブルは，検索サイトが提供するアルゴリズムによる情報が高度にカスタマイズされ，見たくない情報を遮断するフィルタによって実社会と隔てられ，パーソナライズされた泡（バブル）に包まれる（**エ**）ように，見たい情報しか見えなくなる現象である。

ア 機器の性能や機能などにより，様々な格差が生じるのは，**ディジタルディバイド**に関する記述である。

イ Web検索の結果が膨大になり，適切な情報収集が難しくなるのは，情報過多による**情報オーバーロード**に関する記述である。

ウ 広告収入を目的に，事実とは異なるニュースが発信されるようになり，正確な情報検索が困難になるのは，**ステルスマーケティング**や**フェイクニュース**などの弊害に関する記述である。

正解 **エ**

Q211 インターネット広告の効果指標として用いられる**コンバージョン率**の説明はどれか。

ア Webサイト上で広告が表示された回数に対して，その広告がクリックされた回数の割合を示す指標である。

イ Webサイト上の広告から商品購入に至った顧客の1人当たりの広告コストを示す指標である。

ウ Webサイト上の広告に掛けた費用の何倍の収益をその広告から得ることができたかを示す指標である。

エ Webサイト上の広告をクリックして訪れた人のうち会員登録や商品購入などに至った顧客数の割合を示す指標である。

サクッと正解

コンバージョン率とは，インターネット広告の成約率のこと。

イモヅル式解説

コンバージョン率〈=Conversion Rate；CVR〉は，Webサイト上の広告をクリックして訪れた人のうち，会員登録や商品購入などの成約に至った顧客数の割合を示す，**成約率**の効果指標（**エ**）。

CTR〈=Click Through Rate〉	Webサイト上で広告が表示された回数に対して，その広告がクリックされた回数の割合を示す，**クリック率**の効果指標（**ア**）。
CPM〈=Cost Per Mille〉	広告のバナーなどを1,000回表示するのにかかった費用。**インプレッション単価**とも呼ばれる。
CPC〈=Cost Per Click〉	1クリックを得るのにかかった広告費。**クリック単価**とも呼ばれる。
CPA〈=Cost Per Acquisition/Action〉	Webサイト上の広告から商品購入に至った顧客の1人当たりの広告コストを示す，**費用対効果**の指標（**イ**）。
ROAS〈=Return On Advertising Spend〉	Webサイト上の広告にかけたコストの何倍の収益をその広告から得ることができたかを示す，**広告の費用対効果**の指標（**ウ**）。

正解 　**エ**

でる度 ★★★

Q212 ダイバーシティマネジメントの説明はどれか。

ア 従業員が仕事と生活の調和を図り，やりがいをもって業務に取り組み，組織の活力を向上させることである。

イ 性別や年齢，国籍などの面で従業員の多様性を尊重することによって，組織の活力を向上させることである。

ウ 自ら設定した目標の達成を目指して従業員が主体的に業務に取り組み，その達成度に応じて評価が行われることである。

エ 労使双方が労働条件についての合意を形成し，協調して収益の増大を目指すことである。

3

ストラテジ系

サクッと正解

ダイバーシティマネジメントとは，多様性を尊重することで，組織の活力を向上させる考え方のこと。

イモヅル式解説

ダイバーシティマネジメントは，性別や年齢，国籍などの面で従業員の多様性を尊重することによって，組織の活力を向上させようとする（**イ**）概念である。

ワークライフバランス	従業員が仕事だけではなく，生活との調和を図ったうえで，やりがいをもって業務に取り組み，組織の活力を向上させる（**ア**）という考え方。
MBO〈=Management by Objectives〉	自ら設定した目標の達成を目指して従業員が主体的に業務に取り組み，その達成度に応じて評価が行われる（**ウ**），目標による管理手法。
労使協調	労働組合と使用者の双方が，労働条件についての合意を形成し，協調して収益の増大を目指す（**エ**）考え方。
SDGs〈=Sustainable Development Goals〉	持続可能な世界を実現するために国連が採択した達成されるべき国際目標。17のゴールと169のターゲットから構成される。

正解 **イ**

Q 213 **クラウドソーシング**の説明はどれか。

ア インターネット上での商取引の決済手段として，ディジタルデータ化された貨幣を使用する。

イ 企業や起業家がインターネット上で事業資金を必要とする目的や内容を告知し，資金提供者を募集する。

ウ 商品の売手がインターネット上で対象商品の内容や希望する販売条件を告知し，入札者が価格を競い落札する。

エ 発注者がインターネット上で発注対象の業務内容や発注条件を告知し，受注者を募集する。

サクッと正解

クラウドソーシングとは，発注者がインターネット上で発注対象の業務内容や発注条件を告知し，受注者を募集すること。

イモヅル式解説

クラウドソーシング〈＝crowdsourcing〉は，発注者がインターネットを通じて発注対象の業務内容や発注条件などを告知し，不特定多数の人を募って（**エ**）業務を発注する業務形態である。crowdは群衆の意味。なお，クラウドコンピューティングのクラウド（cloud）は雲のことである。

ア インターネット上での商取引の決済手段として，ディジタルデータ化された貨幣を使用するのは，**電子マネー決済**である。

イ 企業や起業家がインターネット上で事業資金を必要とする目的や内容を告知し，資金提供者を募集するのは，**クラウドファンディング**〈＝crowdfunding〉である。

ウ 商品の出品者がインターネット上で対象商品の内容や希望する販売条件を告知し，入札者が価格を競い落札するのは，**インターネットオークション**である。

正解 **エ**

Q214 アグリゲーションサービスに関する記述として，適切なものはどれか。

ア 小売販売の会社が，店舗やECサイトなどあらゆる顧客接点をシームレスに統合し，どの顧客接点でも顧客に最適な購買体験を提供して，顧客の利便性を高めるサービス

イ 物品などの売買に際し，信頼のおける中立的な第三者が契約当事者の間に入り，代金決済等取引の安全性を確保するサービス

ウ 分散的に存在する事業者，個人や機能への一括的なアクセスを顧客に提供し，比較，まとめ，統一的な制御，最適な組合せなどワンストップでのサービス提供を可能にするサービス

エ 本部と契約した加盟店が，本部に対価を支払い，販売促進，確立したサービスや商品などを使う権利をもらうサービス

サクッと正解

アグリゲーションサービスとは，インターネット上に分散している複数の情報を，1箇所に集約して提供するサービスのこと。

イモヅル式解説

アグリゲーションサービスは，分散的に存在する事業者，個人や機能への一括的なアクセスを顧客に提供し，比較，まとめ，統一的な制御，最適な組合せなどを1箇所で提供できるようにしたサービス（**ウ**）。

オムニチャネル	小売販売の企業が，実店舗やECサイトなど，あらゆる顧客接点をシームレスに統合し，どの顧客接点（チャネル）でも最適な購買体験を提供して，顧客の利便性を高める（**ア**）環境を実現すること。
エスクローサービス	物品などの売買に際し，信頼のおける中立的な第三者が仲介役として契約当事者の間に入ることで，代金決済などの取引の安全性を確保するサービス（**イ**）。
フランチャイズ契約	本部と契約した加盟店が，本部に対価を支払い販売促進，確立したサービスや商号・商品などを使ったり（**エ**）経営支援などのサポートを得たりする契約形態。

正解 **ウ**

Q215 CPS（サイバーフィジカルシステム）を活用している事例はどれか。

ア 仮想化された標準的なシステム資源を用意しておき，業務内容に合わせてシステムの規模や構成をソフトウェアによって設定する。

イ 機器を販売するのではなく貸し出し，その機器に組み込まれたセンサで使用状況を検知し，その情報を元に利用者から利用料金を徴収する。

ウ 業務処理機能やデータ蓄積機能をサーバにもたせ，クライアント側はネットワーク接続と最小限の入出力機能だけをもたせてデスクトップの仮想化を行う。

エ 現実世界の都市の構造や活動状況のデータによって仮想世界を構築し，災害の発生や時間軸を自由に操作して，現実世界では実現できないシミュレーションを行う。

サクッと正解

CPSの活用事例として，現実世界のデータによって仮想世界を構築し，シミュレーションを行うことが該当する。

イモヅル式解説

CPS〈＝Cyber-Physical System〉は，現実世界のデータを収集し，仮想世界で分析して産業の活性化や社会問題の解決を図る仕組みである。CPSを活用してシミュレーションを行う技術を**ディジタルツイン**という。仮想世界で災害の発生や時間軸を操作してシミュレーションを行う（**エ**）ことは，CPSの活用事例に該当する。

ア 仮想化された標準的なシステム資源を用意しておき，業務内容に合わせてシステムの規模や構成をソフトウェアによって設定することは，**仮想化技術**の活用事例である。

イ 機器に組み込まれたセンサで使用状況を検知し，その情報を基に利用者から利用料金を徴収することは，**IoT**の活用事例である。

ウ サーバに業務処理などの機能をもたせ，クライアント側は最小限の機能だけをもたせる仕組みは，**シンクライアント**である。

正解 **エ**

でる度 ★★☆

Q216

ゲーム理論における"ナッシュ均衡"の説明はどれか。

ア 一部プレイヤーの受取が，そのまま残りのプレイヤーの支払となるような，各プレイヤーの利得（正負の支払）の総和がゼロとなる状態

イ 戦略を決定するに当たって，相手側の各戦略（行動）について，相手の結果が最大利得となる場合同士を比較して，その中で相手の利得を最小化する行動を選択している状態

ウ 戦略を決定するに当たって，自身の各戦略（行動）について，自身の結果が最小利得となる場合同士を比較して，その中で自身の利得を最大化する行動を選択している状態

エ 非協力ゲームのモデルであり，相手の行動に対して最適な行動をとる行動原理の中で，どのプレイヤーも自分だけが戦略を変更しても利得を増やせない戦略の組合せ状態

3

ストラテジ系

サクッと正解

ゲーム理論における**ナッシュ均衡**とは，どのプレイヤーも自分だけが戦略を変更しても利得が増えない状態のこと。

イモヅル式解説

ゲーム理論における**ナッシュ均衡**は，各プレイヤーが合意や協力を行わない非協力ゲームの解として用いられる概念で，相手の行動に対して合理的に最適な行動を選択した結果，どのプレイヤーも自分だけが戦略を変更しても利得を増やせない状態（**エ**）である。

ア あるプレイヤーの利得が残りのプレイヤーの損失となるなど，各プレイヤーの利得の総和がゼロとなるのは，**ゼロサムゲーム**である。

イ 相手側の各戦略について，相手の利得が最大となる場合を比較し，それを最小化する行動を選択するのは，**ミニマックス戦略**である。

ウ 自身の各戦略について，自身の利得が最小となる場合を比較し，それを最大化する行動を選択するのは，**マクシミン戦略**である。

正解 **エ**

Q217
ハーシィ及びブランチャードが提唱した**SL理論**の説明はどれか。

ア　開放の窓，秘密の窓，未知の窓，盲点の窓の4つの窓を用いて，自己理解と対人関係の良否を説明した理論

イ　教示的，説得的，参加的，委任的の4つに，部下の成熟度レベルによって，リーダシップスタイルを分類した理論

ウ　共同化，表出化，連結化，内面化の4つのプロセスによって，個人と組織に新たな知識が創造されるとした理論

エ　生理的，安全，所属と愛情，承認と自尊，自己実現といった五つの段階で欲求が発達するとされる理論

サクッと正解

SL理論とは，リーダーシップのスタイルを，教示的，説得的，参加的，委任的の4つに分類した理論のこと。

イモヅル式解説

SL理論（シチュエーショナルリーダーシップ理論）は，主に新人を対象とする①**教示的**（説明型）から，②説得的，③参加的，主にベテランに向けた④**委任的**，の4つに，部下の成熟度レベルによって，リーダシップスタイルを分類した理論（**イ**）である。

ジョハリの窓	①自分も他者も知っている**開放の窓**，②自分だけが知っている**秘密の窓**，③自分も他者も気づいていない**未知の窓**，④他者だけが知っている**盲点の窓**，の4つの窓を用いて，自己理解と対人関係の良否を説明した理論（**ア**）。
SECIモデル〔➡Q218〕	①共同化，②**表出化**，③連結化，④**内面化**，の4つのプロセスによって，個人と組織に新たな知識が創造されるとするナレッジマネジメントの理論（**ウ**）。
マズローの欲求段階説	人間の基本的欲求である①生理的な欲求から，②安全，③所属と愛情，④**承認と自尊**，高次の欲求である⑤**自己実現**，の5つの段階および自己超越へ向かう欲求が発達するとされる理論（**エ**）。

正解　**イ**

Q218 知識創造プロセス（SECIモデル）における"表出化"はどれか。

ア　暗黙知から新たに暗黙知を得ること
イ　暗黙知から新たに形式知を得ること
ウ　形式知から新たに暗黙知を得ること
エ　形式知から新たに形式知を得ること

3 ストラテジ系

サクッと 正解

　知識創造プロセス（SECIモデル）における"表出化"とは，暗黙知から新たに形式知を得るプロセスのこと。

イモヅル式 解説

　知識創造プロセス（SECIモデル）は，新しい知識は，共同化〈＝Socialization〉，表出化〈＝Externalization〉，連結化〈＝Combination〉，内面化〈＝Internalization〉のプロセスで創造されるとするナレッジマネジメントの理論である。表出化では，個人や少人数が持つ暗黙知から新たに形式知を得る（**イ**）。

共同化	個人や少人数が暗黙知から新たに暗黙知を得る（**ア**）
連結化	形式知を組み合わせて新たな形式知を得る（**エ**）
内面化	形式知から新たな暗黙知を得る（**ウ**）

　形式知とは，言葉や文章，図や計算式などで他者に説明できる知識。**暗黙知**は，経験や直感などに基づくもので，言葉などで他者に伝えることが難しい主観的な知識である。

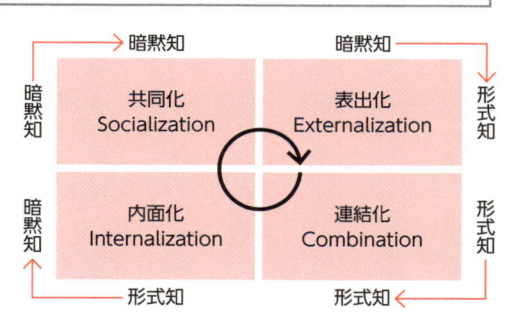

正解　**イ**

Q219 SRI (Socially Responsible Investment) を説明したものはどれか。

- **ア** 企業が社会的責任を果たすために，環境保護への投資を行う。
- **イ** 財務評価だけでなく，社会的責任への取組みも評価して，企業への投資を行う。
- **ウ** 先端技術開発への貢献度が高いベンチャ企業に対して，投資を行う。
- **エ** 地域経済の活性化のために，大型の公共事業への投資を積極的に行う。

サクッと正解

SRIとは，財務評価だけではなく，企業の社会的責任への取り組みも評価して投資を行うこと。

イモヅル式解説

SRI〈=Socially Responsible Investment〉は，株主が市場を通じて，経営陣に対して**企業の社会的責任**〈=Corporate Social Responsibility；CSR〉に配慮したサステナビリティ（持続可能性）のある経営姿勢を要求・評価するための投資活動（**イ**）である。

- **ア** 企業が社会的責任（CSR）を果たすために，環境保護への投資を行うのは，CSRの活動の１つである。CSRは，企業活動において，利益追求だけではなく，環境や社会からの要請に対して責任を果たすことが，企業価値の向上につながるという考え方である。
- **ウ** 先端技術開発への貢献度が高い新規事業を行うベンチャ企業に対して投資を行うのは，**ベンチャ投資**や**スタートアップ投資**などと呼ばれる。
- **エ** 地域経済の活性化のため，地域開発や大型公共事業への投資を積極的に行うのは，**コミュニティ投資**である。

なお，経済的利益とともに，測定可能で有益な社会的または環境的影響を生み出すことを目的として行われる投資を，**インパクト投資**と呼ぶ。

正解 **イ**

でる度 ★★★

Q220 BCPの説明はどれか。

ア 企業の戦略を実現するために，財務，顧客，内部ビジネスプロセス，学習と成長という四つの視点から戦略を検討したもの
イ 企業の目標を達成するために業務内容や業務の流れを可視化し，一定のサイクルをもって継続的に業務プロセスを改善するもの
ウ 業務効率の向上，業務コストの削減を目的に，業務プロセスを対象としてアウトソースを実施するもの
エ 事業の中断・阻害に対応し，事業を復旧し，再開し，あらかじめ定められたレベルに回復するように組織を導く手順を文書化したもの

3 ストラテジ系

サクッと正解

BCPは，災害などによる事業の中断から復旧し，事業を継続するための計画である。

イモツル式解説

BCP〈=Business Continuity Plan〉は，事業の中断や阻害に対応し，事業を復旧・再開して，あらかじめ定められたレベルに回復するように組織を導く手順を文書化した（**エ**），事業継続計画である。

ア 企業の戦略を実現するために，財務，顧客，内部ビジネスプロセス，学習と成長という4つの視点から戦略を検討したものは，**バランススコアカード**〈=BSC〉である。
イ 企業の目標を達成するために，業務の内容や流れを可視化し，一定のサイクルにより業務プロセスの改善を継続的に支援するものは，**BPM**〈=Business Process Management〉である。
ウ 業務の効率向上とコスト削減を目的に，業務プロセスを対象としてアウトソースを実施するものは，**BPO**〈=Business Process Outsourcing〉である。

正解 **エ**

Q221 ワークサンプリング法の説明はどれか。

ア 観測回数・観測時刻を設定し，実地観測によって観測された要素作業数の比率などから，統計的理論に基づいて作業時間を見積もる。

イ 作業動作を基本動作にまで分解して，基本動作の時間標準テーブルから，構成される基本動作の時間を合計して作業時間を求める。

ウ 作業票や作業日報などから各作業の実績時間を集計し，作業ごとに平均して標準時間を求める。

エ 実際の作業動作そのものをストップウォッチで数回反復測定して，作業時間を調査する。

サクッと正解

ワークサンプリング法は，サンプルを観測し，統計的手法を用いて全体の作業時間などを見積もる方法である。

イモヅル式解説

ワークサンプリング法は，観測の回数や時刻を設定し，実地観測によって観測された要素作業数の比率などから，統計的理論に基づいて作業時間を見積もる（**ア**）方法である。

イ 作業動作を基本動作に分解し，構成される基本動作の時間を合計して作業時間を求める時間分析の手法は，**規定時間標準法**とも呼ばれる**PTS**〈=Predetermined Time Standard〉**法**である。

ウ 過去の作業票や作業日報などから各作業の実績時間を集計し，作業ごとに平均して標準時間を求める方法は，**実績資料法**である。なお，作業を分解した要素に，PTS法などで求めた作業時間をあてはめ，元の作業の時間を特定する方法は，**標準資料法**である。

エ 実際の作業動作そのものをストップウォッチで数回反復測定し，作業時間を調査する方法は，**直接観測法**の1つである**ストップウォッチ法**である。**時間観測法**とも呼ばれる。

正解 **ア**

でる度 ★★★

Q222 系統図法の活用例はどれか。

ア 解決すべき問題を端か中央に置き，関係する要因を因果関係に従って矢印でつないで周辺に並べ，問題発生に大きく影響している重要な原因を探る。

イ 結果とそれに影響を及ぼすと思われる要因との関連を整理し，体系化して，魚の骨のような形にまとめる。

ウ 事実，意見，発想を小さなカードに書き込み，カード相互の親和性によってグループ化して，解決すべき問題を明確にする。

エ 目的を達成するための手段を導き出し，更にその手段を実施するための幾つかの手段を考えることを繰り返し，細分化していく。

3

ストラテジ系

サクッと正解

系統図法は，目的を達成するための手段を，階層化・細分化しながら導き出す図法である。

イモヅル式解説

系統図法は，目的を達成するための手段を導き出し，さらにその手段を実施するための複数の手段を考えることを繰り返して掘り下げ，細分化していく（**エ**）図法である。

連関図法 〔➡Q223〕	解決すべき問題を置き，関係する要因を因果関係に従って矢印でつないで周辺に並べ，問題発生に大きく影響している重要な原因を探る（**ア**）図法。
特性要因図	結果とそれに影響を及ぼすと思われる要因との関連を整理し，体系化して，魚の骨のような形（**フィッシュボーンチャート**）にまとめた（**イ**）図。 要因　要因　要因 特性（結果） 要因　要因
親和図（KJ法）	事実や意見などカードに書き込み，カード相互の親和性によってグループ化して，問題を明確化した（**ウ**）図。

正解 **エ**

Q223 複雑な要因の絡む問題について，その**因果関係を明らかにする**ことによって，問題の原因を究明する手法はどれか。

ア　PDPC法　　イ　クラスタ分析法
ウ　系統図法　　エ　連関図法

サクッと正解

　複雑な要因の絡む問題の**因果関係を明らか**にして，原因を究明する手法は，**連関図法**である。

イモヅル式解説

　連関図法（エ）は，原因と結果や目的と手段など，複雑な要因が絡む問題の因果関係を整理する図法である。

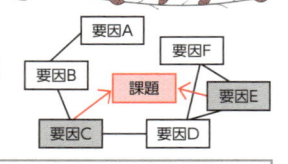

PDPC〈=Process Decision Program Chart〉法（ア）	事態の進展とともに様々な結果が想定される問題について，望ましい結果に至る過程や手順を，時間経過に沿って矢印で結んだ図法。
クラスタ分析法（イ）	観測データを類似性によって集団や群（クラスタ）に分類し，その特徴となる要因を分析する手法。
系統図法（ウ）〔➡Q222〕	目的を達成するための手段を，階層化・細分化しながら導き出す図法。
デルファイ法	複数の専門家から得られた意見や見解を集約し，統計的にまとめ，その結果を専門家に再検討させることを繰り返して収束していく手法。
モンテカルロ法	確率論的な近似値や法則性を求めるため，多量の乱数を用いてシミュレーションや数値計算を行う手法。

📖 イモヅル復習問題 ➡ Q222　　　　　　　正解　**エ**

Q224
国際的な標準として取り決められた会計基準などの総称であり，資本市場の国際化に対し，利害関係者からみた会計情報の比較可能性や均質性を担保するものはどれか。

ア　GAAP　　イ　IASB
ウ　IFRS　　エ　SEC

サクッと正解

国際的な標準として取り決められた会計基準などの総称は，**IFRS**である。

イモヅル式解説

IFRS〈＝International Financial Reporting Standards〉（**ウ**）とは，国際標準化として取り決められた会計基準の総称のこと。資本市場の国際化に対し，利害関係者からみた会計情報の比較可能性や均質性を担保する「国際財務報告基準」である。

関連する略称をまとめて覚えよう。

GAAP〈＝Generally Accepted Accounting Principles〉（**ア**）	日本の企業会計原則であるJA-GAAPやアメリカの会計基準であるUS-GAAPなど，一般に妥当と認められた準拠すべき会計原則。
IASB〈＝International Accounting Standards Board〉（**イ**）	**国際会計基準**〈＝International Accounting Standards；IAS〉やIFRSを制定している国際会計基準審議会。
SEC〈＝Securities and Exchange Commission〉（**エ**）	株式などの証券取引を監督・監視する政府機関である米国証券取引委員会。

ちょっと深掘り　株主資本等変動計算書

利害関係者に報告する決算書には，貸借対照表における「純資産の部」の一会計期間における変動額のうち，主に株主に帰属する部分である「株主資本」の変動事由を報告するための決算書である株主資本等変動計算書もある。

正解　**ウ**

でる度 ★★★

Q225 キャッシュフロー計算書において，**営業活動によるキャッシュフロー**に該当するものはどれか。

ア 株式の発行による収入
イ 商品の仕入れによる支出
ウ 短期借入金の返済による支出
エ 有形固定資産の売却による収入

サクッと正解

営業活動によるキャッシュフローに該当するものは，本来の業務である商品の仕入れによる支出である。

イモヅル式解説

キャッシュフロー計算書は，資金の発生原因とその使い道を明らかにする**財務諸表**の1つである。会計期間における現金収支の状況を，①営業活動によるキャッシュフロー，②投資活動によるキャッシュフロー，③財務活動によるキャッシュフローの3つの区分ごとに算出して掲載する。

営業活動によるキャッシュフロー	企業活動で発生した**本来の業務**に係る事項を記載。
投資活動によるキャッシュフロー	設備投資や有価証券などの**投資**に係る事項を記載。
財務活動によるキャッシュフロー	**資金調達**や**株主還元**などに係る事項を記載。

商品の仕入れによる支出（**イ**）は，**営業活動によるキャッシュフロー**に該当する。

株式の発行による収入（**ア**）と短期借入金の返済による支出（**ウ**）は，**財務活動によるキャッシュフロー**に該当する。

有形固定資産の売却による収入（**エ**）は，**投資活動によるキャッシュフロー**に該当する。

正解 **イ**

でる度 ★★★

Q226

いずれも時価100円の株式A〜Dのうち，1つの株式に投資したい。経済の成長を高，中，低の3つに区分したときのそれぞれの株式の予想値上がり幅は，表のとおりである。マクシミン原理に従うとき，どの株式に投資することになるか。

単位 円

株式 経済の成長	高	中	低
A	20	10	15
B	25	5	20
C	30	20	5
D	40	10	−10

ア A **イ** B **ウ** C **エ** D

3

ストラテジ系

サクッと正解

　マクシミン原理は，最低・最悪の組合せから，最大の利益を選ぶ戦略である。

イモヅル式解説

　ゲーム理論における**マクシミン原理**とは，複数の選択肢があるとき，**最低・最悪**の場合でも得られる利益を考え，最低・最悪の場合の利益が最大になるような選択を合理的に行うための戦略である。
　設問の株式A〜Dにおける最低・最悪の値を計算すると，次のようになる。
　　株式A：経済の成長が**中**のときの**10**
　　株式B：経済の成長が**中**のときの**5**
　　株式C：経済の成長が**低**のときの**5**
　　株式D：経済の成長が**低**のときの**−10**
　したがって，最低・最悪の場合に利益が最も大きくなるのは，株式A（**ア**）であることがわかる。

正解　**ア**

Q227
技術者倫理の遵守を妨げる要因の1つとして，**集団思考**というものがある。集団思考の説明として，適切なものはどれか。

ア 自分とは違った視点から事態を見ることができず，客観性に欠けること

イ 組織内の権威に無批判的に服従すること

ウ 正しいことが何かは知っているが，それを実行する勇気や決断力に欠けること

エ 強い連帯性をもつチームが批判的思考を欠くことによって，不合理な合意へと達すること

サクッと正解

集団思考とは，チーム（集団）の強い連帯や結束が批判的思考を遠ざける原因となり，不合理な合意へと達してしまうこと。

イモヅル式解説

集団思考は，集団で合議を行う場合に，個人の意思決定より不合理な意思決定が容認されてしまうこと，または集団がある種の思考停止の状態に陥ることである。集団思考の問題点として，米国の心理学者アーヴィング・ジャニスは，チームに無敵感が生まれて楽観的になることや，決定を合理的なものと信じ込んで周囲からの助言を無視することなどを指摘している。集団に新しく加わったメンバなどが異議を唱えても，自分たちに都合の悪い情報を遮断し，集団を保護しようとする傾向がある。強い連帯感や結束力をもつチームが批判的思考を欠くことによって不合理な合意へと達すること（**エ**）は，これに該当し，技術者倫理の遵守を妨げる要因の1つになる。

自分とは違った視点から事態を見ることができず，客観性に欠けること（**ア**）は，**認知バイアス**などに関する説明である。組織内の権威に無批判的に服従すること（**イ**）は，**権威主義的パーソナリティ**などに関する説明である。正しいことを実行する勇気や決断力に欠けること（**ウ**）は，集団思考の説明として適切ではない。

正解　**エ**

Q228
MPEG-4などに存在する**パテントプール**の説明として，適切なものはどれか。

ア　国際機関及び標準化団体による公的な標準ではなく，市場の実勢によって事実上の標準とみなされるようになった規格及び製品

イ　著作権表示を保持することによって，ソフトウェアの使用，複製，改変，及び再頒布が認められる仕組み

ウ　特許料が無償でライセンスされている技術

エ　複数の企業が自社の特許権をもち寄り，特許権を一括して管理する仕組み

サクッと正解

パテントプールは，複数の企業の**特許権を一括して管理**する仕組みである。

イモヅル式解説

パテントプールとは，複数の企業や研究機関などが保有する特許（パテント）を集めて（プール），1つの組織に管理を任せる仕組み（**エ**）のこと。動画などの圧縮符号化方式の規格である**MPEG-4**〈=Moving Picture Experts Group phase 4〉などの例がある。

ア　OSのWindows，表計算ソフトのExcelなどのように，国際機関および標準化団体による公的な標準ではなく，市場の実勢によって事実上の標準とみなされるようになった規格および製品は，**デファクトスタンダード**と呼ばれる。

イ　著作権表示を保持することで，ソフトウェアの使用，複製，改変，および再頒布が認められる仕組みやソフトウェアは，**オープンソースソフトウェア**〈=OSS〉〔➡Q050〕である。

ウ　自社が開発した新技術などの特許料を無償でライセンスすることで普及を促すことは，**オープン・クローズ戦略**の**オープン戦略**に該当する。

📖 イモヅル復習問題 ➡ Q050

正解　**エ**

Q229

個人が，**インターネットを介して提示された単発の仕事を受託**する働き方や，それによって形成される経済形態を表すものはどれか。

ア APIエコノミー　　　　**イ** ギグエコノミー
ウ シャドーエコノミー　　**エ** トークンエコノミー

サクッと正解

単発の仕事を受託するなどの自由な働き方で形成される経済形態を表すのは，**ギグエコノミー**である。

イモヅル式解説

ギグエコノミーは，個人が組織に雇用されることなく，単発の仕事や短期的な契約（**ギグ**）を請け負うなど，自由な働き方を特徴とする経済形態の総称である。たとえば，配送業務や**クラウドソーシング**〔➡Q213〕での受注などが該当する。

ア **APIエコノミー**は，**API**〈＝Application Programming Interface〉〔➡Q175〕を通じてサービスを提供・利用し合うなど，自社と他社のサービスを相互に活用することで，経済圏を広げていく形態である。

ウ **シャドーエコノミー**とは，正規外で行われ，経済統計に現れない取引や仕事などの経済活動のこと。**地下経済**などとも呼ばれ，非合法な経済活動を意味する場合もある。

エ **トークンエコノミー**とは，**暗号資産**〔➡Q238〕などの**トークン**によって形成される経済圏のこと。**ブロックチェーン**技術により，取引対象や報酬などとしてトークンを使う。

イモヅル復習問題 ➡ Q213　　　　　　　正解　**イ**

Q230

A社はB社に対して業務システムの開発を委託し，A社とB社は請負契約を結んでいる。作業の実態から，偽装請負とされる事象はどれか。

ア　A社の従業員が，B社を作業場所として，A社の責任者の指揮命令に従ってシステムの検証を行っている。

イ　A社の従業員が，B社を作業場所として，B社の責任者の指揮命令に従ってシステムの検証を行っている。

ウ　B社の従業員が，A社を作業場所として，A社の責任者の指揮命令に従って設計書を作成している。

エ　B社の従業員が，A社を作業場所として，B社の責任者の指揮命令に従って設計書を作成している。

サクッと正解

偽装請負とされる事象になるのは，発注者の指揮命令に従って請負人が業務を行うことである。

イモヅル式解説

請負契約は，請負人が発注者に対して仕事の完成を約束し，発注者が仕事の完成に対する報酬を支払うことを約束する契約である。請負人は完成を請け負っているだけであり，発注者の指揮命令に服するわけではない。なお，**委任契約**とは，労働時間や作業工数に応じた報酬が支払われる契約のことである。

A社の責任者の指揮命令に従って，B社の従業員が設計書を作成する（**ウ**）ことは，労働者派遣契約などの委任契約に該当するので，作業の実態から**偽装請負**となる事象になる。

ア　A社の従業員が，A社の責任者の指揮命令に従ってシステムの検証を行っているので，偽装請負とされる事象ではない。

イ　A社の従業員が，B社の責任者の指揮命令に従ってシステムの検証を行っていても，A社は発注者であり，偽装請負とされる事象ではない。

エ　B社の従業員が，B社の責任者の指揮命令に従って設計書を作成しているので，偽装請負とされる事象ではない。

正解　**ウ**

Q231 ソフトウェア開発を下請事業者に委託する場合，**下請代金支払遅延等防止法に照らして，禁止されている行為**はどれか。

ア 継続的な取引が行われているので，支払条件，支払期日などを記載した書面をあらかじめ交付し，個々の発注書面にはその事項の記載を省略する。

イ 顧客が求める仕様が確定していなかったので，発注の際に，下請事業者に仕様が未記載の書面を交付し，仕様が確定した時点では，内容を書面ではなく口頭で伝えた。

ウ 顧客の都合で仕様変更の必要が生じたので，下請事業者と協議の上，発生する費用の増加分を下請代金に加算することによって仕様変更に応じてもらう。

エ 振込手数料を下請事業者が負担する旨を発注前に書面で合意したので，親事業者が負担した実費の範囲内で振込手数料を差し引いて下請代金を支払う。

サクッと正解

下請代金支払遅延等防止法は，仕様が確定した時点で書面を交付することを規定している。

イモヅル式解説

下請代金支払遅延等防止法は，親事業者の不公正な取引を規制し，下請事業者の利益を保護するための法律である。書面で内容が定められない正当な理由がある事項については，その記載を要しないが，**内容が定められた後に直ちに交付**しなければならないとされている。この規定により，「仕様が確定した時点では，内容を書面ではなく口頭で伝えた」（**イ**）のは，禁止されている行為に該当する。継続的な取引において書面をあらかじめ交付すること（**ア**），協議の上で費用の増加分を加算して仕様変更に応じてもらうこと（**ウ**），負担した実費の範囲内で振込手数料を差し引いて支払うこと（**エ**）は，下請取引の公正化や下請事業者の利益保護に反しないので，禁止行為に該当しない。

正解　**イ**

Q232 製造物責任法（PL法）において，**製造物責任を問われる事例**はどれか。

ア　機器に組み込まれているROMに記録されたプログラムに瑕疵があったので，その機器の使用者に大けがをさせた。

イ　工場に配備されている制御系コンピュータのオペレーションを誤ったので，製品製造のラインを長時間停止させ大きな損害を与えた。

ウ　ソフトウェアパッケージに重大な瑕疵が発見され，修復に時間が掛かったので，販売先の業務に大混乱をもたらした。

エ　提供しているITサービスのうち，ヘルプデスクサービスがSLAを満たす品質になく，顧客から多大なクレームを受けた。

サクッと正解

製造物責任法（PL法） の対象となる製造物は，製造または加工された動産だけである。

イモヅル式解説

製造物責任法〈＝product liability法；PL法〉は，製造物の欠陥が原因で生命，身体または財産に損害を被った場合に，被害者が製造業者などに対して損害賠償を求められることを規定した法律である。この法律では，製造物とは「製造または加工された動産」と定義され，**不動産**，**電気**，**ソフトウェア**，**未加工の農産物・水産物**などは対象外である。機器に組み込まれている不揮発性記憶装置のROMが原因で，使用者に大けがをさせた（**ア**）ことは，製造物責任を問われる事例に該当する。

イ　オペレーションを誤ったことが原因の損害は，製造物の欠陥ではないので，製造物責任を問われる事例に該当しない。

ウ　ソフトウェアそのものは，製造物責任法が定義する製造物の対象ではないので，製造物責任を問われる事例に該当しない。

エ　ヘルプデスクサービスがSLA〔➡Q158〕を満たさないことは，この法律が定める製造物の欠陥ではないので，製造物責任を問われる事例に該当しない。

正解　**ア**

Q233　不正競争防止法で禁止されている行為はどれか。

ア　競争相手に対抗するために，特定商品の小売価格を安価に設定する。

イ　自社製品を扱っている小売業者に，指定した小売価格で販売するよう指示する。

ウ　他社のヒット商品と商品名や形状は異なるが同等の機能をもつ商品を販売する。

エ　広く知られた他人の商品の表示に，自社の商品の表示を類似させ，他人の商品と誤認させて商品を販売する。

サクッと正解

不正競争防止法で禁止されている行為の1つは，他人の商品と誤認させて自社商品を販売することである。

イモヅル式解説

不正競争防止法は，事業者間の公正な競争および関連する国際約束の的確な実施を確保するための法律である。広く認知されている商品と同一もしくは類似の表示を使用し，他人の商品または営業と混同を生じさせる（**エ**）行為は，不正競争に該当する。

このほか，不正競争防止法では，秘密として管理されている生産方法や販売方法，また事業活動に有用な情報であって，公然と知られていない**営業秘密**についても保護している。

競争相手に対抗するために特定商品の小売価格を安価に設定（**ア**）したり，他社のヒット商品と商品名や形状は異なるが同等の機能をもつ商品を販売（**ウ**）したりすることは，不正競争防止法では規定されていない。自社製品を扱っている小売業者に，指定した小売価格で販売するよう指示する（**イ**）ことは，再販売価格を拘束する**再販売価格維持**であり，不正競争防止法ではなく**独占禁止法**によって原則禁止されている。

正解　**エ**

Q234 デジタル社会形成基本法において掲げられている10項目の基本理念に含まれているものはどれか。

ア インターネット上での権利侵害があった場合のサービスプロバイダなどが負う責任範囲を制限し，同時に被害者が発信者情報の開示を請求できる権利を定めること

イ 広告宣伝を目的とする電子メールの適正化のための措置を定め，電子メールの利用環境の整備を図ることにより，高度情報通信社会の健全な発展に寄与すること

ウ すべての国民が情報通信技術の恵みを享受できる社会の実現を目指し，情報通信技術を用いた情報の活用により信頼性のある情報の自由かつ安全な流通の確保を図ること

エ 通信販売などの取引を公正にし，購入者等が受ける損害の防止を図り，購入者等の利益を保護することにより，国民経済の健全な発展に寄与すること

サクッと正解

デジタル社会形成基本法は，「誰一人取り残さない，人に優しいデジタル化」を目指す法律である。

イモヅル式解説

デジタル社会形成基本法は，デジタル社会の形成に関し，国，地方公共団体及び事業者の責務や施策の策定・施行などについて定めた法律である。国民すべてが**情報通信技術**の恩恵を享受できる社会の実現，ゆとりと豊かさを実感できる国民生活の実現，国民が安全で安心して暮らせる社会の実現などが，基本理念に含まれている。

ア **インターネットサービスプロバイダ**（**ISP**）の責任や発信者情報の開示請求権などを定めているのは，**プロバイダ責任制限法**である。

イ 広告宣伝を目的とする電子メールの適正化のための措置を定めているのは，**特定電子メール法**〔➡**Q235**〕である。

エ 通信販売などの取引を公正にし，購入者等の損害防止と利益保護などを定めているのは，**特定商取引法**である。

正解 **ウ**

Q235 特定電子メール法における規制の対象に関する説明のうち，適切なものはどれか。

ア　海外の電気通信設備から国内の電気通信設備に送信される電子メールは，広告または宣伝が含まれていても，規制の対象外である。

イ　携帯電話のショートメッセージサービス（SMS）は，広告又は宣伝が含まれていれば，規制の対象である。

ウ　政治団体が，自らの政策の普及や啓発を行うために送信する電子メールは，規制の対象である。

エ　取引上の条件を案内する事務連絡や料金請求のお知らせなど取引関係に係る通知を含む電子メールは，広告又は宣伝が含まれていなくても規制の対象である。

サクッと正解

特定電子メール法の規制は，営利目的の広告や宣伝が含まれていればショートメッセージなども対象となる。

イモヅル式解説

特定電子メール法は，広告や宣伝の目的で電子メールを一方的に送信することを規制する法律である。この法律でいう**特定電子メール**とは，自己または他人の営業について，広告または宣伝を行うための手段として送信する電子メールのことであり，携帯電話のショートメッセージサービス（SMS）でも，広告または宣伝が含まれていれば，規制の対象になる（**イ**）。

ア　海外からの送信でも，国内に送信される広告・宣伝が含まれた電子メールは，規制の対象外にはならない。

ウ　同法第二条の二では，対象の送信者を「営利を目的とする団体及び営業を営む場合における個人」としている。**営利目的でない政治団体**の電子メールを，規制の対象とするのは適切ではない。

エ　取引上の条件を案内する事務連絡や料金請求のお知らせなど，広告または宣伝が含まれていない取引関係に係る通知を含む電子メールは，特定電子メールに該当しない。

📖 イモヅル復習問題 ➡ Q234

正解　**イ**

Q236 マイナンバー法の個人番号を取り扱う事業者が特定個人情報の提供をすることができる場合はどれか。

ア A社からグループ企業であるB社に転籍した従業員の特定個人情報について，B社での給与所得の源泉徴収票の提出目的で，A社がB社から提出を求められた場合

イ A社の従業員がB社に出向した際に，A社の従業員の業務成績を引き継ぐために，個人番号を業務成績に付加して提出するように，A社がB社から求められた場合

ウ 事業者が，営業活動情報を管理するシステムを導入する際に，営業担当者のマスタ情報として使用する目的で，システムを導入するベンダから提出を求められた場合

エ 事業者が，個人情報保護委員会による特定個人情報の取扱いに関する立入検査を実施された際，同委員会から資料の提出を求められた場合

サクッと正解

事業者が**特定個人情報**を提供できる場合の1つは，**個人情報保護委員会**による立入検査で資料の提出を求められたときである。

イモヅル式解説

マイナンバー法（**番号法**）は，「行政手続における特定の個人を識別するための番号の利用等に関する法律」の略称である。**特定個人情報**とは，マイナンバーを含む個人情報のことである。

個人情報保護委員会は，特定個人情報を取り扱う事業者に対して報告を求めたり，立入検査をしたりすることができる。この権限によって立入検査を実施された際，同委員会から資料の提出を求められた場合（**エ**）には，事業者は特定個人情報の提供ができる。

転籍した従業員の特定個人情報をグループ会社に提出（**ア**）することはできない。また，社会保障や税および災害対策に関する事務ではないので，業務成績（**イ**）や営業活動情報（**ウ**）に関する目的で特定個人情報を提出することはできない。

正解 **エ**

Q237 **電子署名法**に関する記述のうち，適切なものはどれか。

ア 電子署名には，電磁的記録ではなく，かつ，コンピュータで処理できないものも含まれる。

イ 電子署名には，民事訴訟法における押印と同様の効力が認められる。

ウ 電子署名の認証業務を行うことができるのは，政府が運営する認証局に限られる。

エ 電子署名は共通鍵暗号技術によるものに限られる。

サクッと正解

電子署名法では，電子署名に民事訴訟法における押印と同様の効力があることを認めている。

イモヅル式解説

電子署名法の正式名称は「電子署名及び認証業務に関する法律」。一定の条件を満たす電子署名が手書き署名や押印と同等に真正に成立したものと推定されることや，電子署名を行った者を証明するための**特定認証業務**の認定を与える基準などを規定している。電子署名には，**民事訴訟法**における押印と同様の効力が認められる（**イ**）。

ア **電磁的記録**は，電子計算機による情報処理の用に供されるものなどと定義されており，コンピュータで処理ができない電子署名は，この法律の対象には含まれない。

ウ 第四条で「特定認証業務を行おうとする者は，主務大臣の認定を受けることができる」と規定されており，認証業務は民間の組織でも可能である。

エ 安全性に係わる技術的な基準を満たす特定認証業務に用いられる電子署名は，共通鍵暗号技術ではなく，**公開鍵暗号方式**によって安全性を確保している。

正解　**イ**

でる度 ★★★

Q238 資金決済法で定められている**暗号資産（仮想通貨）**の特徴はどれか。

ア 金融庁の登録を受けていなくても，外国の事業者であれば，法定通貨との交換は，日本国内において可能である。

イ 日本国内から外国へ国際送金をする場合には，各国の銀行を経由して送金しなければならない。

ウ 日本国内の事業者が運営するオンラインゲームでだけ流通する通貨である。

エ 不特定の者に対する代金の支払に使用可能で，電子的に記録・移転でき，法定通貨やプリペイドカードではない財産的価値である。

3 ストラテジ系

サクッと正解

暗号資産（仮想通貨）は，法定通貨やプリペイドカードではない財産的価値である。

イモツル式解説

暗号資産（**仮想通貨**）は，ディジタル通貨の一種であり，不特定の者に対する代金の支払いなどに使用でき，円やドルなどの法定通貨や法定通貨建てのプリペイドカードではない財産的価値である（**エ**）。

なお，仮想通貨という呼称は，通貨という表現が法定通貨との誤解を生む可能性があることなどから暗号資産という呼称に変更された。**分散型台帳技術**〈＝Distributed Ledger Technology；DLT〉の**ブロックチェーン**などの技術を用いて電子的に記録されている。

ア 外国の事業者であっても，日本国内での**仮想通貨交換業**（**暗号資産交換業**）は，登録が必要である。

イ 暗号資産（仮想通貨）を国内から外国へ送金をする場合には，銀行を経由する必要はない。

ウ 暗号資産（仮想通貨）は，オンラインゲームでだけ流通する通貨のことではない。

正解 **エ**

Q239 技術基準適合証明として用いられる**技適マーク**の説明として，適切なものはどれか。

ア　EU加盟国で販売する製品が，EUの安全規制に適合していることを証明する。

イ　電波を発する通信機器が，日本の電波法で定められた条件に適合していることを証明する。

ウ　日本国内で販売する電気用品が，日本の電気用品安全法の基準に適合していることを証明する。

エ　米国で設置する通信機器が，米国の規則に適合していることを証明する。

サクッと正解

技適マークは，通信機器が日本の電波法で定められた条件に適合していることを証明するマークである。

イモツル式解説

技適マークは，電波を発する通信機器が，**電波法**で定めている技術基準に適合していることを証明する（**イ**）マークである。

CEマーキング	C E	EU加盟国で販売する製品が，EUの安全規制に適合していることを証明する（**ア**）。
PSEマーク	(PS E)	電気用品の製造または輸入を行う事業者が，日本国内で電気用品を販売する際，日本の電気用品安全法の基準に適合していることを証明する（**ウ**）。
FCCマーク	FCC	米国で設置する通信機器が，通信・電波の規制を行う米国の規則に適合していることを証明する（**エ**）。

正解　**イ**

でる度 ★★★

Q240

欧州へ電子部品を輸出するには，RoHS指令への対応が必要である。このRoHS指令の目的として，適切なものはどれか。

ア 家電製品から有用な部分や材料をリサイクルし，廃棄物を減量するとともに，資源の有効利用を推進する。

イ 機器が発生する電磁妨害が，無線通信機器及びその他の機器が意図する動作を妨げるレベルを超えないようにする。

ウ 大量破壊兵器の開発及び拡散，通常兵器の過剰備蓄に関わるおそれがある場合など，国際社会の平和と安全を脅かす輸出行為を防止する。

エ 電気電子製品の生産から処分までのすべての段階で，有害物質が環境及び人の健康に及ぼす危険を最小化する。

3

ストラテジ系

サクッと正解 🦔

RoHS指令は，特定有害物質の使用規制に関するEUの法律である。

イモヅル式解説 🦔〰〰〰〰〰〰

RoHS 〈=Restriction of the use of certain Hazardous Substances in electrical and electronic equipment〉**指令**は，人や環境に影響を与えないよう設けた特定有害物質の使用規制に関するEU（欧州連合）の法律である。電気電子製品の生産から処分までのすべての段階で，有害物質が環境及び人の健康に及ぼす危険を最小化する（**エ**）ことを目的としている。

ア 家電製品から有用な部分や材料をリサイクルすることで，廃棄物の減量と資源の有効利用を推進するのは，**WEEE** 〈=directive on Waste Electrical and Electronic Equipment〉**指令**である。

イ 機器の発する電磁妨害が，無線通信機器及びその他の機器の動作を妨げるレベルを超えないようにするのは，**EMC** 〈=ElectroMagnetic Compatibility〉**指令**である。

ウ 大量破壊兵器の開発及び拡散，通常兵器の過剰備蓄に関わるおそれがある場合など，国際社会の平和と安全を脅かす輸出行為を防止するのは，輸出管理の**リスト規制**や**キャッチオール規制**である。

正解 **エ**

「イモヅル式」読者のための

午後試験対策ガイダンス

午前・午後とも60点以上で合格

　応用情報技術者試験は，午前試験と午後試験の2つで構成されている。合格の判定基準はどちらも正答率60％である。午前試験が60％に満たないと午後試験を受験しても採点されず，午前試験が高得点でも午後試験と合算されないので，判定に影響しない。あくまで午前と午後のそれぞれで正答率60％のラインを超えなければ合格とならない。

　応用情報技術者試験の午後試験では，記述式問題が11問出題される。そのうち情報セキュリティ分野の1問は受験者全員が解答する必須問題で，そのほかの10問は各自で4問を選んで解答する選択問題である。

　近年の出題分野は次表のとおり。この11分野は，平成26年度秋期試験以降は変更がなく，問題の順番もほとんど変わっていない。これを参考に，あらかじめ選択する問題を決めておくとよいだろう。対策を立てやすいうえ，本番で時間を有効に使えるからである。

午後問題	出題分野
問1（必須）	情報セキュリティ
問2	経営戦略
問3	プログラミング
問4	システムアーキテクチャ
問5	ネットワーク
問6	データベース
問7	組込みシステム開発
問8	情報システム開発
問9	プロジェクトマネジメント
問10	サービスマネジメント
問11	システム監査

さて，本書は応用情報技術者試験の午前試験の対策を目的としている。それでは，午前試験の学習は午後試験の対策にならないのかというと，そんなことはない。午後試験は，具体的な業種や業務を例とした，やや長めの文章や会話文で状況を与え，その状況に即した出題をする形式である。状況が長文で与えられるだけに惑わされがちだが，問題は午前試験の学習で身につけた知識や考え方を活かして解けるものとなっているのだ。次項で，まずは過去の出題事例を少し詳しく見てみよう。

出題テーマの概要

令和6年度秋期試験の応用情報技術者試験の午後試験の出題テーマは，次のとおりである。

- **問1－情報セキュリティ**：日用雑貨を販売する中堅企業の販路の拡大のため，新しくWebサイトを開発する際のセキュリティ対策を実施する。
- **問2－経営戦略**：近年の経営環境の変化に伴い，成長が鈍化している全国規模のコーヒーチェーン店における成長戦略を策定する。
- **問3－プログラミング**：素数かどうかの判定や，二重ループの実行回数の削減など，素数を列挙するためのアルゴリズムを改良する。
- **問4－システムアーキテクチャ**：動画配信サービスを提供する企業が，機能を強化した新しいサービスを提供するシステムを構築する。
- **問5－ネットワーク**：インターネットによる人材紹介業を営む企業のネットワークに，セキュアWebゲートウェイサービスを導入する。
- **問6－データベース**：トレーディングカード販売業のチェーン店を営む企業における新規事業として，取引のプラットフォームとなるシステムを新しく構築する。
- **問7－組込みシステム開発**：専用アプリによりBluetoothでスマートフォンと接続するスマートイヤホンの構成要素と機能概要を把握する。
- **問8－情報システム開発**：企業内の複数の情報システムを接続するデータ連携ハブを製造する企業で，コネクタを構成するソフトウェアを再設計する。
- **問9－プロジェクトマネジメント**：大手の電気機器メーカーの新事業として，消費者向けのヘルスケア市場において新しいサービスを提供するプロジェクトを立ち上げる。

- **問10－サービスマネジメント：**全国に営業拠点をもつ電子機器販売会社で，管理プロセスのマネジメントを行う担当者が，サービスデスクの立ち上げを検討する。
- **問11－システム監査：**中堅の家電メーカーの顧客サービス部で，チャットボット導入に関する開発計画の監査及び予備調査を実施する。

　こうして見ると，新しい分野への進出や新しいサービスの提供などに関する出題が目につき，動画配信サービスやスマートイヤホン，トレーディングカード販売業など，今どきのビジネスの状況や世相を反映したテーマを取り上げる傾向にあることがわかるだろう。

　基礎理論や技術的な知識だけではなく，新聞やニュースで話題になるような社会の動向に関心をもつことは，試験対策としても価値がある。本書冒頭の「はじめに」にも記したように，応用情報技術者は，担当業務において問題を解決する知識や技能が期待されているのである。

午前試験と午後試験の関係

　次に，午前試験と午後試験の関連について，具体例とともに見ていこう。まずはテクノロジ系の例である。

- **例1－テクノロジ系午前試験の演習が午後試験対策に役立つ例：**
　本書では，Q105として，次の問題を取り上げた。

> ### Q 105
> **攻撃者が行うフットプリンティングに該当するものはどれか。**
>
> **ア**　Webサイトのページを改ざんすることによって，そのWebサイトから社会的・政治的な主張を発信する。
> **イ**　攻撃前に，攻撃対象となるPC，サーバ及びネットワークについての情報を得る。
> **ウ**　攻撃前に，攻撃に使用するPCのメモリを増設することによって，効率的に攻撃できるようにする。
> **エ**　システムログに偽の痕跡を加えることによって，攻撃後に追跡を逃れる。

　DNSサーバのソフトウェアのバージョン情報を入手し，DNSサーバのセキュリティホールを特定しておくフットプリンティングについての問題である。これを掲載したP.112では，関連用語として，PCが参照する

DNSサーバに偽のドメイン情報を入力し，偽装されたWebサーバに，PCの利用者を誘導するDNSキャッシュポイズニング攻撃についても解説している。また，Q108では，次の問題を取り上げた。

Q108

送信者Aからの**文書ファイル**と，その文書ファイルの**ディジタル署名**を受信者Bが受信したとき，受信者Bができることはどれか。ここで，受信者Bは送信者Aの署名検証鍵Xを保有しており，受信者Bと第三者は**送信者Aの署名生成鍵Yを知らない**ものとする。

ア ディジタル署名，文書ファイル及び署名検証鍵Xを比較することによって，文書ファイルに改ざんがあった場合，その部分を判別できる。

イ 文書ファイルが改ざんされていないこと，及びディジタル署名が署名生成鍵Yによって生成されたことを確認できる。

ウ 文書ファイルがマルウェアに感染していないことを認証局に問い合わせて確認できる。

エ 文書ファイルとディジタル署名のどちらかが改ざんされた場合，どちらが改ざんされたかを判別できる。

これを掲載したP.115では，改ざんの有無と送信元の正当性を確認できるディジタル署名について解説している。

さらに，P.124では，Q117として次の問題を取り上げ，DNSサーバの応答の正当性を検証できる機能やDNSを悪用したキャッシュポイズニング攻撃，DoS攻撃などについて解説している。

Q117

DNSSECについての記述のうち，適切なものはどれか。

ア DNSサーバへの問合せ時の送信元ポート番号をランダムに選択することによって，DNS問合せへの不正な応答を防止する。

イ DNSの再帰的な問合せの送信元として許可するクライアントを制限することによって，DNSを悪用したDoS攻撃を防止する。

ウ 共通鍵暗号方式によるメッセージ認証を用いることによって，正当なDNSサーバからの応答であることをクライアントが検証できる。

エ 公開鍵暗号方式によるディジタル署名を用いることによって，正当なDNSサーバからの応答であることをクライアントが検証できる。

そして，DNSそのものについては，Q098（P.105）で解説している。
以上を踏まえ，次の午後問題を見てみよう。

令和3年度 春期 午後　問1

※Webサイト向けソフトウェアを開発する企業におけるDNSのセキュリティ対策をテーマにした出題。業務内容の概要を説明する文章とデータセンタ内のネットワーク構成図を示した後，下記のような設問がある。

（前略）キャッシュ DNSサーバに，偽のDNS応答がキャッシュされ，R社の社内LAN上のPCがインターネット上の偽サイトに誘導されてしまう，[　c　]の脅威があると考えた。（後略）

本文中の [　c　] に入れるサイバー攻撃手法の名称を，15字以内で答えよ。

正解は「DNSキャッシュポイズニング」である。前掲の午前試験対策で学んだ知識があれば，迷うことなくこの正解にたどり着けるだろう。

次に，ストラテジ系の例を見てみよう。

・例2－ストラテジ系午前試験の演習が午後試験対策に役立つ例：
本書では，Q192として，次の問題を取り上げた。

Q192 企業の事業活動を機能ごとに主活動と支援活動に分け，企業が顧客に提供する製品やサービスの利益が，どの活動で生み出されているかを分析する手法はどれか。

ア　3C分析
イ　SWOT分析
ウ　バリューチェーン分析
エ　ファイブフォース分析

業務プロセスのどの活動で利益が生み出されているかを分析するフレームワークである「バリューチェーン分析」（ウ）が正解となる問題であるが，3つの誤答の選択肢の用語も重要である。

そこで，これを掲載したP.203では，バリューチェーン分析の説明とともに，これら3つの用語の解説も掲載している。ここで改めて端的に書き出すと，次のとおりである。

「3C分析」…自社・顧客・競合他社の3つの観点から分析する。
「SWOT分析」…内部環境の強みと弱み，及び外部環境の機会と脅威を分析する。
「ファイブフォース分析」…競争要因を5つのカテゴリに分類して考える。

以上を踏まえ，次の午後問題を見てみよう。

令和2年度 10月 午後　問2
※設立5年目で従業員数約80名の首都圏にあるIT企業において，新事業の創出を目的とする事業戦略の策定を題材にした出題。企画提案力と技術力の高さを評価されて業績は好調なこと，ITを活用した付加価値の高いソフトウェアパッケージの販売事業の説明や多様なワークスタイルの整備が必要といった状況説明の文章とPEST分析の結果を示す表の後に下記のような設問が続く。

（前略）PEST分析による外部環境分析を終了したら，次に内部環境分析を行うこと。その際に用いるフレームワークは，社内の業務プロセスのつながりなどに基づいて分析する[　　b　　]にすること。（後略）

本文中の　[　　b　　]　に入れる適切な字句を解答群の中から選び，記号で答えよ。
解答群
ア　3C分析　　　　　　　　　**イ**　SWOT分析
ウ　バリューチェーン分析　　　**エ**　ファイブフォース分析

午前試験対策でバリューチェーン分析について学んだ人は，設問文にある〈社内の業務プロセスのつながり〉という記述から，自信をもって正解の「バリューチェーン分析」（**ウ**）を選べるはずである。

また，本書で午前試験対策を行っていれば，本問のすべての選択肢を理解しているはずであり，この選択肢では消去法でも「バリューチェーン分析」しか残らないと気づけるだろう。

問題文が長いこともあり，一見すると難しそうな午後試験だが，このように，午前試験の学習で得た知識で，午後試験も解答できるのである。これは，午前試験を解く知識は，午後試験にも大いに役に立つということを意味している。午後試験では，午前試験対策で身につけた知識を，実際の業務を想定した問題で活かすスキルが身についているかどうかが試されるともいえる。

それでは，午後試験対策として，どんな学習をするべきなのだろうか。

午後試験の過去問を「読書」してみよう

このように，午後試験は「この用語を知っているか否か」という知識を直接問われるより，知識の運用力，言い換えれば現場での課題を解決する能力が試される試験である。大学などの入学試験にたとえるなら，午前試験の問題が現代国語の漢字や文法の問題にあたり，午後試験は長文読解の問題に近いといえる。国語の長文読解の対策には，読書が有効といわれるが，応用情報技術者試験の午後試験対策も似たところがある。試験では，現在の状況や解決すべき課題などが，すべて文章だけで説明されるからである。何から手をつければいいかわからないときは，次のような「読書」をしてはどうだろう。

1. 必須問題（問1）と，選択しようとしている選択問題の，過去問題とその解答例を，試験までの残り日数から逆算して3回取り組める分だけ用意する。
2. 集めた過去問題を1回解き，答え合わせをする。
3. 答え合わせをした結果が悪くても，あきらめず，焦らず，落ち込まず（これがなかなか難しい），空欄に適する言葉や設問への解答を書き込んで解答例をつくり，問題文全体を通してひととおり「読書」ができる状態にする。

4．「3」の作業を終えた過去問題を2回熟読する。途中で意味のわからない用語が出てきたら，調べて理解しておく。解答に直接関係がない場合でも飛ばさずに行っておこう。別の設問では重要なキーワードとして出てくる可能性もあるからである。

※この「読書」は，解説付きの過去問題集が手に入るなら，解説文も対象としてほしい。

　力がつかないうちは，長文を読み解くことそのものや，「問題文のどこに着目すれば正解を導けるのか？」という点で苦労するかもしれない。しかし，前述の「2」から「4」を繰り返しているうちに，ヒントとなるキーワードや，解答の根拠となる記述に自然に目が行くようになる。これは「すでに正解を知っているから当然」と思われるかもしれないが，繰り返し練習しておくと，ほかの問題文を読んでいても「解決すべき課題はここかな？」という見当がつけられるようになり，問題文の意味を素早く理解できるようになってくるだろう。

　なお，午後試験の問題は，ケーススタディ形式の長文でできているだけに，文中から端的な用語の説明を取り出し，知識を得ることは容易ではない。前述の「4」でも述べたとおり，「読書」の途中でわからない用語や理解があいまいな用語が出てきたら，本書のように索引の充実した午前試験対策書や教科書・用語集などで，すぐに確認するようにしよう。

　午前試験の学習で身につけた知識と，午後試験の文章をビジネス誌でも読むような感覚で「読書」できるようなスキルがあれば，進むべき学習の道は見えているはずである。最後まであきらめずに合格をたぐり寄せてほしい。

著者

石川 敢也（いしかわ かんや）

神奈川工科大学情報学部講師。情報・ITリテラシーなどの科目を担当。情報処理の学習を応援するWebサイト「ラクパス（rakupass.com）」主宰。著書に『イモヅル式 ITパスポート コンパクト演習［第2版］』，『イモヅル式 基本情報技術者午前コンパクト演習』，『イモヅル式 情報I 必修キーワード総仕上げ』（以上，インプレス），『iパスクイズ222』（翔泳社），共著『情報セキュリティマネジメント 要点整理＆予想問題集』（翔泳社）などがある。茅ヶ崎市在住。

STAFF

編集	秋山智（株式会社エディポック）／瀧坂亮（株式会社インプレス）
制作	株式会社エディポック
校正協力	小宮雄介
本文イラスト	さややん。
表紙イラスト	ひらのんさ
本文デザイン	有限会社ケイズプロダクション
表紙デザイン	髙栁麻耶（株式会社エディポック）
編集長	片元諭

■商品に関する問い合わせ先

このたびは弊社商品をご購入いただきありがとうございます。本書の内容などに関するお問い合わせは、下記のURLまたは二次元コードにある問い合わせフォームからお送りください。

https://book.impress.co.jp/info/

上記フォームがご利用いただけない場合のメールでの問い合わせ先
info@impress.co.jp

※お問い合わせの際は、書名、ISBN、お名前、お電話番号、メールアドレス に加えて、「該当するページ」と「具体的なご質問内容」「お使いの動作環境」を必ずご明記ください。なお、本書の範囲を超えるご質問にはお答えできないのでご了承ください。

- ●電話やFAX でのご質問には対応しておりません。また、封書でのお問い合わせは回答までに日数をいただく場合があります。あらかじめご了承ください。
- ●インプレスブックスの本書情報ページ https://book.impress.co.jp/books/1124101110 では、本書のサポート情報や正誤表・訂正情報などを提供しています。あわせてご確認ください。
- ●本書の奥付に記載されている初版発行日から5年が経過した場合、もしくは本書で紹介している製品やサービスについて提供会社によるサポートが終了した場合はご質問にお答えできない場合があります。

■落丁・乱丁本などの問い合わせ先

FAX 03-6837-5023
service@impress.co.jp
※古書店で購入された商品はお取り替えできません。

イモヅル式 応用情報技術者午前 コンパクト演習[第2版]

2025年 4月21日 初版発行

著 者	石川敢也
発行人	高橋隆志
編集人	藤井貴志
発行所	株式会社インプレス 〒101-0051 東京都千代田区神田神保町一丁目105番地 ホームページ https://book.impress.co.jp/

印刷所 日経印刷株式会社

ISBN978-4-295-02149-0 C3055

Printed in Japan